从零开始，打造成长儿童房

设计师南爸 著

U0291477

江苏凤凰科学技术出版社

前　言

致终将远去的孩子们

一

我是一个离家远行的孩子。

18 岁离家到武汉求学，从学生时期的寒暑假回家，到工作以后数月回家一次的短暂停留，再到定居广东后，每年回家一两次的探亲。地理意义上的家越来越远，而情感上家的印象却越来越具体。少年时在家的种种，在我眷恋故乡时一遍一遍地回放，那干净、热烈的夏天球场，傍晚和家人一起散步的时光，无数次犯错后心里的紧张，小小成功后家人的鼓励……并没有随着人生阅历的增加而忘却，反而越来越清晰。

转眼自己已步入中年，孩子也马上要上中学，我一直在思考一个问题——我的孩子终将远去，孩子对我的意义是什么？我对孩子的意义是什么？

当今的社会形态与我是孩子时已经很不一样。我们是计划生育开始后的第一代人，父母大多有很多兄弟姐妹，他们的家庭教育深受家族观念和集体主义价值观的影响。这注定让我们这代人无可参照，只能依靠自己幼年的体会和父母的经验来开启育儿工作。

然而，当代社会对人的要求与 30 年前完全不同，社会阶层之间的"穿越代价"越来越大，没有家长愿意给孩子一个"底层"的未来。不同的未来，除了传统意义上的"知识改变命运"外，"素质教育"已成为进入社会后所有人沟通协作的必修课。我把它概括为"三养"，即教养、修养、学养。要成为文明社会的正常人，应当从家庭获得行为的规范——"教养"，从自我思辨中获得智慧的累积——"修养"，以及从学校获得终身学习的兴趣与方法——"学养"。

客观来说，这"三养"对家长提出了最高的要求。这就涉及一个问题：孩子对父母的意义是什么？为什么为了孩子父母都要重新做人？父母是否应当和孩子一起学习？

在我看来，是的。

20 世纪早期，养儿是为了防老存续；20 世纪中期，养儿是为了培养社会主义接班人；20 世纪晚期，养儿是为了振兴家族。

21 世纪初，在消费降级、生子欲望低下的今天，孩子的角色是什么？我之前的观点是：我需要一个延续自己生命、传承我的优点和继承财富的亲人，我希望有一个比我更好的后代，她带着我的一部分，成为另一个我，成为唯一的她。

结果，孩子出世了，带着我的优点和一直埋在我内心深处的缺点；等到她懂事时，我好像依然没有什么财富，但还是希望她过得比我好，那怎么做到呢？这个问题我想了很久，结论是：**孩子的诞生就是一面镜子，她童年的任务就是让父母看到自己年幼时的样子，并且激励父母提升自己；而孩子则会像父母学习，同步成长，这就是孩子给父母带来的意义。**

在父母含辛茹苦养育子女的过程中，爱的种子在父母的忙碌和投入中悄悄种下，热烈、疼惜、包容、严肃、温暖……各种味道的爱会在孩子心里慢慢沉淀，直到孩子最后远去，组建自己的家庭。当他遇到一个个似曾相识的生活关卡时，父母会成为最好的借鉴参考。

这是他们这一代应有的幸福，因为我们的育儿原则已不再受意识形态的干扰和生存忧虑的影响，更多的是基于人性本身的潜力培养。这样的养育更加关注教育的本质，可以直接为子女传授真实的家庭养育知识与经验。

二

在养育孩子的过程中，我们既是养育执行人，也是后果承担者。这一点，我觉得有些国家做得比较好，如美国。在美国，有很多第三方机构承担非政府义务，而这些事情非常专业，仅凭个人之力无法完成，比如怎样养育孩子。在孩子 3 岁以前，我基本上是对着一本《0～3 岁育儿手册》完成了大部分的养育工作。后来，我没找到 4 岁后的专业指导书，也没有坚持去找，原因是我发现 4 岁以前的养育工作主要是"保育"，而 4 岁以后，"教育"就开始登场了。基于教育环境的特殊性，即便有国外相关参考书，体制与环境具有较大的差异性，只能自己琢磨。

此时是 2011 年，自媒体刚刚兴起，亲子育儿"大 V"林立，但各种机构的关注点几乎都集中在 4 岁以前的保育阶段，这让我百思不得其解，为什么没人关心 4 岁以后的孩子？仔细想想，其实这很符合逻辑。

0～1 岁，贴身照顾；1～2 岁，斗战小病；2～3 岁，收获萌宝；进入 4 岁，战场转移到了幼儿园，孩子的身体状况基本稳定，自理能力初建，进入轻松带娃期。没有正面的保育难题，除了买衣服、玩具，也没有直接的刚性消费。尽管如此，我这个曾经的医学生还是不能理解，为什么正当孩子的独立意识开始形成、性启蒙期即将到来、求知欲开始快速释放、秩序感与专注度成为过渡难点的时候，有些父母却选择把孩子交给学校和各种培训班？

在我看来，保育只要不出差错，就可以顺利过关；而教育恰恰是要全心投入，才能有"过关的作品"。面对这样的幼教环境，我心里感到不安，是我错了吗，还是国内的教育理念还不成熟？最后，我选择坚持自己的观点，为自己的孩子创造更好的成长环境。

2011 年，在了解了一些国外儿童的分房经验以后，我开始启动女儿的分房计划，从半开放的宜家玩具帐篷，到有门的中型帐篷，到共同建设女儿的房间；从女儿把帐篷当成玩具柜，到和玩具睡在一起，到独立睡帐篷，再到最后和我们"约法三章"，制定她房间的使用规则。女儿在 5 岁半时，开始在家里"独立生活"。这个过程让我觉得有效的方法和恰当的时机可以帮助孩子形成合乎年龄的心智，培养自我管理的能力。

又过了两年，在酷漫居公司（迪士尼儿童家具中国授权商）任职期间，基于对儿童家具和儿童房空间的了解，以及回答了近千位妈妈的分房询问后，我结合自己的经验，系统地整理了一份完整的儿童房分房资料。针对 4 ~ 10 岁的孩子（主要学习认知来自环境，而非学科课本的年龄段），儿童房是他们人生中第一个独立的空间。父母在家里与孩子模拟人生，预演未来要应对的生活。儿童房与家庭公共空间虽一门之隔，但平等、尊重的关系被建立起来，真正的教育从此开始。

我认为有必要将我所知道的理论、案例、数据，以及我自己的经验，以建议的方式与读者朋友们一起分享。有幸得到出版社的邀请，把关于儿童成长教育和儿童房的自我理解和实践成果呈现给大家，若有不妥之处，欢迎指正。

希望孩子们健康成长、乐观自信、独立自由。

设计师南爸

目　录

儿童房建设是一场扩日持久的技术挑战赛，但回报是
家长会成为孩子一生的朋友。

——设计师南爸

第**1**章

为建设儿童房做准备

装修前置

提前三年做的准备

本节重点：5 岁前保育需要做的装修准备工作。

儿童房从什么时候开始装修？这要根据每个家庭的实际情况而定。如果 25 岁左右初次置业，儿童房应满足孩子 5 岁前的保育功能，以及方便老人与孩子共处、父母与孩子进行亲子活动等。改善型置业，则应重点考虑对教育环境的塑造；如果是租房，硬件环境不可控，那么，照明和软装类可以作为环境建设的重点。

新婚首次置业，很多家庭就已经开始关心儿童房的预留，但这个时候尚有诸多不确定因素，如孩子的性别（男孩还是女孩？）和数量（是一个还是两个？）；又如老人是否会来帮忙带孩子，和孩子一起住？在这个阶段装修，首先要抛开"别人家儿童房"的美图秀，从功能角度来考虑实际的使用需求。那么，对于 5 岁前针对保育功能需要怎样的装修前置？

1 选房

买房时，很多时候我们无法以孩子的需求作为主要考虑因素，但条件差不多的房子，家长应注意层高的差异，因为这会对未来儿童房的利用率产生一定影响。在可选的条件下，层高自然越高越好。如果放置一个双层床（床板高度为 1.5 ～ 1.7 m），以身高 1.3 m 的 8 岁儿童为例，房间层高低于 2.8 m，则会影响孩子的正常起居；如果要保证孩子站在床上整理被子，那么层高就需要在 3 m 以上。

浅色木地板最适合儿童房（图片来源：梵之设计）

2 地板

保育期间的孩子称为"大地的孩子"，从趴、躺、爬，到坐、立、走，都以地面为基地。因此，隔绝寒冷与潮湿且具备缓冲弹性的地板是儿童房的重要配备。除了便于进行亲子活动，让孩子在自我探索的过程中感到舒适、增强自信心外，老人如果和孩子同住，也能兼顾老人行动不便等问题。

常见木地板分类

分类	材料	优点	缺点
实木地板	天然木材经烘干、加工后形成	纹理自然，环保，冬暖夏凉，触感好，弹性好	不宜在湿度变化较大的地方使用，否则容易变形；后期维护成本高
强化木地板	由耐磨层、装饰层、高密度基材层和平衡（防潮）层组成	价格选择范围大，适用范围广；花色多，易维护；防滑性能好	脚感没有实木地板好；可修复性差，存在甲醛释放问题
实木复合地板	多层胶合板为基材，表层为硬木片镶拼板或刨切单板，以胶水热压而成	自然美观，耐磨、耐热、耐冲击，不易变形，铺设方便	表层较薄，使用过程中必须重视维护和保养

因此，儿童房的地板建议以实木地板或实木复合地板为主。关于地板的色彩和花纹，建议选择浅色，木材纹理选择简洁长纤维类为宜。

③ 插座

保育阶段的孩子年龄较小，暂时不会用到学习桌椅，因此建议大部分插座安排在低位。由于不确定未来房间的功能布局，入墙插座最好每一面墙都有配备，安装在角落处比较好用。不建议经常使用拖线板，如果前期装修预留的插座不够，不得不使用拖线板，建议与墙体安装的明管线槽固定起来。在儿童房里，所有常规交流电均会构成安全隐患。

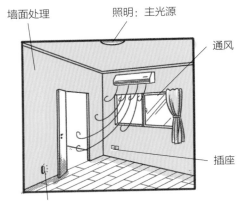

墙面处理　照明：主光源　通风　插座　照明：辅助光源

④ 空调

新风空调的原理是将室外空气通过空调抽吸导入室内，持续地更新室内空气，对封闭的空间（如夜晚房间）起到真正意义上的换气作用，因此，条件允许的情况下，建议采购新风空调。实际上，室内的空气也是从户外进来的，只是现在城市家庭因空气污染在封闭环境中生活的时间越来越长。新风空调一般有过滤网，过滤后的空气比直接从窗外吹进来的质量要好，搭配室内空气净化器，能够有效减少空气中细菌、病毒、真菌的滋长，为孩子创造良好的保育环境。

5 照明

＜ 明亮的主灯 ＞

孩子和老人都需要明亮的光源，因此主灯的亮度很重要，如果可以调节亮度和色温就更好。一般来说，冷光源容易让人集中注意力，暖光源让人感到放松，可调节的冷暖光源是比较理想的。亮度本身主要应对几种情况：入夜的明亮冷调主光，睡前的暖调过渡主光，起夜时的暖调不刺眼弱光，以及清晨的暖调过渡辅助光。

主光源应简洁、安全，灯具上不能出现非固定零件（如水晶灯），灯罩宜选择轻质、不易碎的材质（如塑料、亚克力），不建议使用玻璃和铁艺。

＜ 强力小壁灯 ＞

孩子一出生，家庭的"夜生活"就会长期启动。固定在墙面的下照式脚灯，能够帮上大忙，从早期的孩子夜奶，到后期孩子分房期间的怕黑。临时购买的插拔式小夜灯，插拔多次容易损坏。另外，小朋友自己插拔也有危险。

保证儿童房有明亮的光源（图片来源：网络）

6 墙面处理

对于一般装修来说，墙面涂装的主要目的是保证健康和常规抗污。对于抵抗力比较弱的儿童，防霉、抗菌则更为重要。在儿童房，墙面是多角色的背景环境，墙面材料的基础材质很重要。

< 方便改造的墙面基础 >

儿童房是在未来 3 ~ 5 年可能会进行软装改造的空间，如果条件允许，可以提前设想儿童房的哪些墙面会进行软装改造，然后在墙体内铺设 18 ~ 25 cm 厚的木制护墙板，再做外表面涂装处理。基于木制基面，固定墙挂类家具或家居饰品，就会比较轻松，破坏面极小且易于复原，避免在砖墙上开大洞。

清新的配色让儿童房充满活力（图片来源：北京玖雅设计）

< 创建隐私空间的基质 >

儿童房的睡眠环境噪声应低于 40 dB，实心砖墙隔声效果约在 35 dB，空心／加气砖墙的隔声效果为 20 dB 左右。如果在客厅或隔壁房间看电视，会对儿童房产生影响；而儿童的尖叫、乐器练习声可以达到 85 dB，也会对家庭公共空间或邻居造成干扰。因此在墙体内安置 20 dB 左右的隔声毡是非常有益的。

< 色彩 >

色彩的影响因素较多，比如朝向、儿童性格、层高等。朝阳的方向，冷、暖色调都可以选择；如果儿童房背阳，建议选择暖色调；如果孩子性格偏外向型，则可以将冷色调墙漆作为调和色。关于色彩的详细内容参见第 4 章"色彩"一节。

< 功能 >

在涂料比较单一的年代，孩子在墙上乱涂乱画会产生严重的后果，但现在市面上有很多既能让孩子在墙面直接涂画，又方便擦洗的表面涂装材料，如涂鸦漆、黑板漆等。建议家长在开始装修时就做墙面处理，孩子出生以后，便可以直接使用，减少二次施工。涂装上缘的高度不超过 100 cm 即可。

黑板漆（图片来源：上海八零年代）

小贴士

1. 隔声毡是用万能胶粘贴固定在墙体内，施工味道比较重，散味时间长。因此，在早期装修时就应准备好，以免在孩子练习钢琴、架子鼓等产生大噪声乐器前临时安装。

2. 未来是大数据和传感器的时代，如果条件允许，在室内直接安装环境传感器，如温度、湿度、照度、红外、噪声分贝，可以通过手机和中央控制器连接智能家居进行优化改善。

真实小故事

女儿 4 岁开始学画画，但从 1 岁开始我家的墙壁就已经"惨不忍睹"了，收纳柜上方、床头、房门、客厅背景墙上都是她的"画作"。因为墙漆选的是淡蓝色专色漆，基本无法修补，最后只能在孩子 5 岁时将儿童房重新粉刷一遍。从一开始的小心呵护，到后期无所谓的态度，也是见证了父母心态的变化。

观察
等待孩子独立意识的出现

本节重点：在儿童房装修前，家长应了解孩子的个性特点和需求，为其设计出最合适的成长空间。

不论你决定在孩子几岁分房，通常 3 岁时就可以为分房做准备了。经过 0 ~ 1 岁的褴褛肉团，1 ~ 2 岁的牙牙学语，2 ~ 3 岁的免疫防御战，3 岁以后的孩子逐渐具备了独立认知能力，但家长还没有足够的经验和信心让他走出独立生活的第一步。此时，距离这股勇气的出现，大概还需要 3 年的时间。

儿童房是孩子第一个可以完全自我支配、独立生活的空间。在儿童房装修前，家长首先应了解孩子需要什么。

1 转换奶爸奶妈角色，进入教育者状态

从身体发育的角度来说，3 岁以后的孩子，家长已经不必过于担心其健康问题。进入幼儿园后，大部分孩子都不太适应，集体

生活的秩序、命令、自理，与认识的小朋友相处，以及以往由家人代劳的事情都需要自己去做。第一个"逆反期"随即到来，"不"会成为他的口头禅。

这时，家长的教育者角色正式开始启用。通过和幼儿园课程的呼应，家长在家里可以适当观察，悄无声息地对孩子的兴趣进行摸底，并重视与幼儿园老师的沟通，了解更多在家里无法获知的信息，找到孩子相对固定的个性特点。

所有的教育都需要根据孩子的个性来进行匹配。有的孩子喜欢阅读，那么家长就应了解各类童书，从绘本、拼音书到桥梁书、全字书，让书籍成为孩子认识世界的第一扇窗。如果孩子喜欢汽车，对汽车品牌、汽车构造、地理交通，做爸爸的就要门儿清。儿童房是孩子进入兴趣入口的第一个自主环境空间，是孩子梦想起航的地方。这是建设儿童房的前提和基础，家长和室内设计师最大的区别也在这里，只有充分了解孩子的需求，才能让儿童房变得更加舒适。

2 "形式服务功能，功能服务行为"

一般来说，孩子3岁上幼儿园小班，4岁上中班，5岁上大班，这3年会发生很多事情。如果家长用心投入，会发现儿童房建设的几个核心指标。

● 起居作息——孩子是晚睡型，还是早睡型？

对应装修指标：声音、照明、床。

儿童房是孩子梦想起航的地方（图片来源：网络）

儿童房学习区（图片来源：网络）

● 学习方式——孩子是喜欢独自阅读，还是喜欢互动交流式的学习？

对应装修指标：功能分区。

● 专注力——孩子对广泛与特定事务专注力的强弱。

对应装修指标：视觉设计与分区。

● 独立性——孩子独立完成任务的意愿和执行力的强弱。

对应装修指标：习惯养成的分区。

● 兴趣点——最终确定下来的兴趣点。

❸ 儿童房是独立成长的优化器

儿童房的建设目的是帮助孩子更好地成长，这也是与"独立空间"物理定义有巨大差异的地方。每一间儿童房都应针对孩子的个性特点来进行设计，通过扬长避短、有目的性地利用环境，来消除孩子个性或生理习惯的短板。根据以上常见指标，可以做以下解读：

针对孩子的个性特点来设计儿童房（图片来源：网络）

< 起居作息 >

家长都知道早睡早起好，因为生长激素分泌的高峰期在晚上 11 点左右，且只释放到 16 ~ 20 岁，所以让孩子在 11 点前熟睡是生长发育期的硬指标。但每个人的生理情况不同，如果是容易兴奋的外向型孩子，平时很难入睡，应做好儿童房房门的隔声处理，选择合适的光源；同时家长的生活规律也应予以配合。

< 学习方式 >

不同孩子采用的学习方式也不尽相同。热爱独立思考的孩子需要更加安静、单纯的环境；习惯思辨、讨论协作获得学习体验的孩子，则需要相对轻松、活跃的环境；如果孩子的兴趣比较广泛，家长还要准备各种器材，如颜料、画板、拆装工具，则需要更多的收纳空间。

< 专注力 >

专注力是儿童学习的核心素质。每个孩子的专注力不一样，父母可以通过长期观察、记录，以及与同龄人的平均水平进行对比，判断自己孩子专注力的程度，从而进行儿童房的视觉设计与分区。如果孩子的专注力较差，应设计相对单纯的视觉环境，减少特定行为在空间内的选择性，避免分散注意力。

＜独立性＞

独立性也因人而异，如果孩子的独立意识较强，可以让他参与到儿童房的布置过程中；如果孩子的独立意识较弱，可以通过家居配置降低独立任务的难度，锻炼孩子独立动手的能力。

＜兴趣点＞

每一种兴趣都可能会成为孩子一生事业的萌芽，为兴趣做好环境建设有助于孩子兴趣的有益发展。如果孩子喜欢阅读，可以优化照明设施，注重书籍的收纳，设计亲子共读区。如果孩子喜欢运动，可以突出展示个人竞赛荣誉、运动器具的收纳，以及各种暗示激励的图文贴纸。

儿童房低位收纳区（图片来源：抹小拉工作室）

小贴士

1. 需要注意一些生理上被隐藏的硬伤，如弱视和感统失调。弱视会导致生活、学习的不便，影响孩子的正常视力。感统失调最严重的后果是导致大概率的自闭症。以上情况，7岁左右如果不能矫正，会造成不可逆的后果。

2. 主动检查、筛查孩子的生理缺陷，在儿童房里做好专用的复健设计，可以帮助病童康复。如果是弱视，儿童房应保证充足的光线；如果是感统失调，则需要选择软质地板，减少摔伤、磕碰的概率等。

为感统能力不足的孩子提供更多席地活动、刺激感官的环境（图片来源：网络）

真实小故事

我女儿是一个爱阅读的孩子，阅读也是她最重要的娱乐项目。2~3岁时，女儿看绘本的时间可以持续40分钟。这让我很担心，因为这个年龄段的孩子阅读20分钟已经算是很长时间了。于是，我特意询问了学医的同学，他建议多带孩子出去，幼年高度专注于特定事物，时间长了可能会削弱孩子对大环境的认知欲望。由此可见，专注力高也不一定是好事。

窗口期的分房年龄

不是所有年龄段都适合分房

本节重点：根据儿童的成长规律，儿童分房的合理时间为 5～8 岁。

根据儿童的成长规律，建议将儿童分房的时间设定在 5～8 岁。如果要进一步量化，当孩子出现以下独立意志时，家长就可以考虑分房。

● 孩子明显对家长的干预开始表示反感。

● 孩子开始主动设定只有自己可以管理的区域。

● 孩子对父母说话时，开始隐藏部分意见。

● 孩子对性别开始关心与好奇。

● 孩子开始对自己的行为产生害羞情绪。

从有迹象到开始分房，大概需要 6 个月的准备时间。时间过早（3～4 岁），孩子尚未形成稳定的安全感；时间太晚（8 岁以后），孩子易形成与父母同房休息的惯性依赖。5～6 岁恰好是幼儿园大班阶段，孩子处于秩序感、服从性的养成期，家校配合更容易完成分房过渡。

| 窗口期 | 3～4岁 | 5～8岁 | 9～12岁 |

为什么分房的时间点如此重要？因为除了孩子身心的生长发育需要，良好的分房过渡也有实际的教育意义。特别是和分房配合的幼儿园大班教学，秩序感、服从性的训练引导，有助于孩子适应即将到来的小学生涯。如果在家里的独立习惯培养得好，上小学的时候你会发现孩子就像变了一个人。因此，5～8岁分房是在为进入小学后的正规学科教育打基础。要理解这些表面看上去没什么关联的事情，需要明确以下概念。

1 秩序不分学校和家里

简单来说，当孩子开始进行幼小衔接的预备教育时，家长就应当为孩子准备独立的房间，以便巩固学前阶段的良好行为习惯，帮助孩子建立对独立、自理的责任认知。

2 儿童房不仅仅是睡觉的房间

除了睡觉，儿童房还有很多功能，这个空间最终会成为孩子成长的小环境。及时启动儿童房，有助于孩子充分了解和掌握自己的空间工具。

● 自主学习空间是家长想到的第一个非睡眠功能。

● 以自己房间为活动中心的时间管理空间。

● 收纳空间。

● 单人游戏、娱乐的空间。

● 和父母一起阅读的亲子空间。

● 邀请同学一起玩的社交空间。

● 个人劳动成果的展示空间。

● 隐私受到最高级别尊重的私密空间。

既是收纳空间，也是单人游戏空间（图片来源：博主 @ 牛牛 house）

当孩子被明确告知以上"空间使用说明书"，就可以和小学前教育形成直观的关联。家长也可以根据幼儿园的教学进度，在儿童房里一一落地、同步执行，其目的只有一个：让孩子在进入小学前学会独立生活。

对孩子来说，学科知识和生活技能都是必须掌握的技能。家长进行适当的引导，将个人生活技能放在学前完成，可以减少与学习任务产生困难的重叠挑战。从某种意义上来讲，儿童房是个人生活技能最好的实践基地。

3 孩子负责幻想，家长负责把幻想拉进现实

儿童房是一个环境教育空间，将孩子的喜好引入儿童房是重要的一环；儿童房是一张 3D 白纸，是孩子幻想世界的承载地。如果和孩子设定好儿童房和家庭公共空间的界限，孩子就会形成一个清晰的认知：儿童房外是 100% 的真实世界，儿童房内可以创造属于自己的世界。

家长可以鼓励孩子用想象世界的内容来布置自己的房间，如文字、图片、手绘……并为孩子的想象力创作提供良好的展示环境。当孩子将自己的想象世界从成人的家庭环境里抽离出来，放进儿童房并逐步完善，能够形成对世界的整体认知，这是儿童房对孩子心智成长的最大助力。父母如果愿意深度介入孩子的"想象世界"，和孩子的"小宇宙"一起进化，协助建设儿童房，亦能建立高质量的亲子关系。

鼓励孩子用自己想象的世界来布置儿童房（图片来源：网络）

4 情绪自我管理的"安全岛"

当习惯被迫改变、幻想遭遇现实、自由遇到规则，孩子的情绪会比过往更容易放大。在孩子 5 岁前，家长遇到孩子闹情绪，常见的办法是分散注意力、暴力制止、利益诱导等，但这些方法恰恰是在进入小学阶段的孩子身上要不得的。分散注意力会让学童专注力下降，暴力制止会影响孩子社交，利益诱导则让孩子缺乏原则。

儿童房是孩子情绪管理的"安全岛"（图片来源：重庆 DE 设计）

适用于大孩子的方法是冷静、独处、保持距离，让孩子自然地释放情绪，找到面对困难、解决问题的方法。这需要重建孩子对情绪的自我管理和规则认知，当情绪出现时，孩子能够"有台阶下""安全地独处"。因此，儿童房在这个阶段还是孩子情绪管理的"安全岛"。

小贴士

表面上看，孩子长大分房是一件自然而然的事情，但家长应根据实际情况进行判断，选择最有利于孩子成长的科学分房时间点。就好像人类生育虽然是一件自然而然的事情，但现代妇幼保健医学的进步，却让中国婴儿的死亡率从 1949 年前的 200/1000 降到了今天的 6.8/1000[※]。

家长应根据孩子的实际情况决定分房的时间点
（图片来源：张成室内设计）

真实小故事

女儿 5 岁半分房，我们先把儿童房调整为活动室，比如游戏、画画、看书、玩具收纳；然后，逐渐过渡到午休，最后才是过夜的睡眠。最终分房时，女儿基本上没有太大的抵触情绪。

※ 引自《2017 年我国卫生健康事业发展统计公报》。

分 房过渡

空间的启蒙

本节重点：分房前做好思想建设，让孩子顺利进入儿童房。

装修期间就开始布置基础环境，5 岁左右与幼儿园课程同步，开始分房……了解了分房的基本知识后，下一步便是分房过渡，让孩子开心地开始独立生活。想象中，顺利分房就像孩子住校：一切生活自理，晚上自觉睡觉，自主学习。而实际上，5 ~ 12 岁的孩子未必能做到这些，可能会出现以下情况：

- 赖在父母房里，不肯自己睡觉。

- 半夜偷偷跑回父母房间。

- 一个人哭醒。

- 因为害怕，不敢上厕所，结果尿床。

- 东西随处乱放，房间乱到自己都不愿意进去。

以上情况会反复出现，时间跨度长达 1 ~ 2 年。在分房过渡阶段，家长如果直接粗暴对待，孩子势必反应激烈。很多和老人一起住的家庭，还会遇到来自老人的阻力，导致父母不得不妥协等情况。为了让孩子顺利进入儿童房，需要做好以下几方面的准备工作。

1 消除老人的思想顾虑，让其理解"儿童房是科学空间"

如果家里有老人，可以向长辈强调教育大环境今时不同往日，孩子不只是健健康康就好，心智建设和独立能力建设会直接影响孩子的一生。让老人放下长辈的姿态，认同已经为人父母的专业知识，并明确孩子教育的责任人是父母，让其知道介入孩子教育要适度。

2 明确什么情况可以与父母同房睡眠

● 急症发烧，需要贴身监测。

● 睡前惊吓过度，晚上无法独自入眠。

● 半夜醒来找到父母床前要求一起睡。

以上情况，孩子需要安全的庇护，强硬要求其独自睡眠反而会影响孩子对父母的信任。除了上述特殊情况外，孩子都应该独立睡眠。10 岁以后的孩子有足够的逻辑和理解能力，能够理解拒绝同房睡眠不代表父母对自己的爱有缺失。

③ 让孩子明白"儿童房是最适合自己的空间"

独立生活不只是独立睡眠，可以从其他独立行为开始前置引导。在分房前：

▶ 把孩子的一些物品往儿童房转移，如积木、儿童绘本、衣服等。

▶ 在儿童房放置一个介于休息和睡眠之间的卧具，把亲子类活动转移到儿童房，让孩子慢慢形成"儿童房是很适合睡觉"的认知。

▶ 限制孩子的"自由行为"，将各种行为转移到儿童房。例如，强调"只能在儿童房按照自己的想法放东西"，并对"自由"建立清晰的空间感。

分房过渡期，逐渐将亲子类活动转移到儿童房（图片来源：常州鸿鹄设计）

4 让孩子相信"儿童房是安全的空间"

让孩子确信儿童房是安全的空间，需要解决三个影响独立睡眠的问题：怕黑、怕孤独和生活惯性。

怕黑和怕孤独有时是一回事。即便过去和父母一起睡，也要关灯，孩子知道父母在身边，就有了安全感。怕孤独的另一个表现是在无助时需要父母及时响应，因此，分房初期要确保对孩子求助的及时响应，让其明白父母在任何地方都会照顾自己。

生活惯性需要做出改变。孩子在同房不同床的幼年，预先接受"不用和爸爸妈妈睡在一起"，进入分房准备阶段，将儿童床转移到儿童房，鼓励孩子将儿童房作为短暂休息和活动的空间。如果准备得当，正式分房时，孩子已经非常熟悉儿童房，并且在这里睡过很多次午觉，入眠之前的安全感已经形成，可以更快地自主睡眠。

上述准备工作呼应着孩子正在萌芽的独立意识，以及在幼儿园学习的自理知识。理想的状态是孩子认为自己的房间才是家里最舒服的地方，主动产生迁移的意愿。

怕黑

孤独

生活惯性

3 ~ 5 岁的孩子宜使用低床或半高床
（图片来源：抹小拉工作室）

5 减少儿童房初期独自睡眠的问题发生

▸ 有些孩子会从床上滚落下来，建议 3 ~ 5 岁的孩子使用低床或半高床（床板高度小于 1 m），并配备护栏。8 岁以上使用 1.5 m 以上的高架床。如果低床没有护栏，可以选用较厚的地毯、地垫等，在床前做一些防护。

▸ 孩子半夜起来，无论是上厕所还是找父母，都应有引路的非刺激性光源，以确保孩子心理上的安全感。

▸ 儿童房的房门建议不上锁，因为孩子有可能误锁，一旦出事，后果严重。过渡阶段，家长的房门也不建议上锁，以确保孩子求助时可以及时找到父母。

至此，分房前的准备工作基本完成，接下来是分房初期的过渡工作。过渡的方式因人而异，建议采用行为鼓励的方式，例如，孩子从一周与父母同房睡 3～4 次，到睡 1～2 次，再到 1 个月睡 1～2 次。这个阶段可能会持续很久，可以按孩子回父母房睡觉次数的减少，作为奖励目标；也可以和幼儿园的"小红花 / 五角星"奖励同步，获得多少独立入睡的小红花可以兑换一次出游的机会、一个玩具或一次全家游戏等。

除了鼓励机制，偶尔也需要父母坚持立场，拒绝孩子过来一起睡，这样孩子才会逐渐清楚家人和家庭空间之间的界限。

以鼓励的方式促进孩子独立睡眠
（图片来源：九色鹿软装设计）

小贴士

1. 孩子的精神状态具有较大的差异。有些孩子对安全感的需求较大，分房的过渡时间会相对较长，家长要有心理准备。期间孩子甚至出现游走、梦呓、幻听等情况，家长应明确告诉孩子这些情况和抽筋一样，是身体的自然反应，不是真实的存在，以减少恐惧。

2. 怕黑的解决方案是保留一些微亮的散射光小夜灯，这样既不影响孩子生长发育，又能给孩子带来安全感。

3. 在孩子完成独立睡眠的过渡期，家长不要在睡前讲恐怖故事或让孩子进行剧烈的活动。

真实小故事

女儿不到 5 岁分房时，我们在两个房间里放置了对讲机。虽然没有用多少回，但一开始的新鲜劲儿却让孩子快速适应了最初的独立睡眠。随后，因为这个颇具"仪式感"的小东西，女儿的情绪控制有了明显改善。

第**2**章

儿童房的空间
原则

房门
自由与自律之门

本节重点：房门是进入儿童房的入口，用好房门，则会开启更加美好的儿童房。

分房一段时间的孩子，尽管有长达几个月的过渡期，但真正分开起居，还是很不一样。一个全新、独立、完整的生活空间即将在这个曾经无比熟悉的家里诞生，这个空间的入口——房门会成为孩子新世界的第一个元素，也是连接两个世界的工具。

如果孩子期待已久，你只需讲清规则，或许他还没有听完就开始想着怎样布置；如果孩子依赖性较强，你需要更加主动与耐心，引导他怎样使用空间。但无论怎样，有两个非常重要的观念应当植入孩子正在启蒙的思想里。

1 信任与自律

儿童房是一个几乎由孩子自主支配的房间，而这样的自由是基于父母的信任（这一点需要孩子明确知道和理解）。房门一旦关上，父母的

视线就会被隔绝、听觉受到阻碍，孩子在房间里的行为不得而知。孩子的自律会成为安全的唯一保障，因此，家长必须与孩子"约法三章"，将安全守则作为其独自起居的基本准则。同时达成突发应急的共识，即当危险来临时，父母可以未经同意进入房间。

房门是孩子新世界的第一个元素（图片来源：网络）

2 尊重和自由

开门等于接纳与分享，关门等于隐私和距离。无声的举动是父母和孩子之间有效的沟通，这是需要孩子理解的第二点。孩子慢慢长大，很多话不会直接说，有时需要一些道具来帮助，之于空间，房门这样可移动的隔断就是很好的工具。

在有儿童房之前，家里的所有空间几乎都由父母主导，父母有权干预孩子的任何行为；但在儿童房中，关上房门，孩子就可以做自己想做的大部分事情。当然，这并不意味着不会发生突发状况，父母要做好接受孩子破坏力（我更倾向于将其定义为创造力或爆发力）的心理准备。只有抱有这样的心态，孩子才会逐渐从听父母的话，到无序地释放自己的能量，再到逐渐了解并驾驭自己的能力，最终创造出属于自己的世界。

当孩子知道只要保证安全，就可以自由地支配空间时，家长和孩子之间的对话姿态就会发生变化。

刚开始的时候，儿童房的房门是最好的公告板。

● 明确对等的尊重："请先敲门，同意才能进！"
● 对自己的提醒："出门前关掉所有电器和灯！"
● 表达自己的要求："睡觉前给我留个门缝……"

慢慢地，房门会成为孩子展示和承诺的地方。

● 一张涂鸦卡片——"爸爸，父亲节快乐！"
● 承诺——"连续 20 天喂狗，遛狗。"

再后来，告知孩子的状态。

● "正在做作业，勿进，请不要敲门！"
● "今天不吃饭，别问为什么！"
● "我想静一静。"

恭喜你，这时你已经拥有了一个愿意和你沟通的青春期的孩子。

总之，用好房门，是儿童房美好的开始。从第一次打开房门开始，你将和孩子一起建设儿童房，倾听他的意见和幻想，照顾他不懂的那些常识，帮助他打造属于自己的世界。

作为公告板的房门（图片来源：设计师南爸）

小贴士

----

1. 安全。儿童房的房门最好不要使用上锁的，当出现紧急状况时，父母可以第一时间打开房门，或者选用专门带有父母明锁的门。

2. 噪声。选择轻质隔声木门，如果房门离地间隙大，可以粘贴 3 M 隔声条，以减少噪声给孩子带来的影响。

3. 表达。房门上的图文交流，可以选择贴纸、挂帘、公告板等，或者直接喷涂防水透明漆等，避免使用图钉和软木。

4. 把手。有条件的家庭可以在孩子小的时候，安装低位儿童门把手；如果是高位门把手，应尽量选择撞击面积比较大的产品，因为这个高度刚好在孩子的眼部，在室内奔跑时容易被孩子撞到。

真实小故事

这是我自己的亲身经历：有一次家里儿童房的房门锁坏了，7 岁的女儿被反锁其中，女儿竟然想从三楼的窗口爬出楼外，幸好被买菜回来的奶奶看到，才躲过一劫。

 照明
"上帝说，要有光"

本节重点：儿童房宜混合布光，阅读区光照强度至少要达到 300 Lx。

儿童房的用光与照明是一个完整、丰富的系统，不只是"要有光"这么简单，由于篇幅有限，这里重点介绍 5 ~ 10 岁儿童的室内空间用光原则。具体来说，光的应用究竟对儿童有哪些影响？我们来罗列一下：

- 视力，照明会影响视力的发育。
- 情绪，光是情绪管理的重要因素。
- 审美，奠定色彩审美基础。
- 信心，建立安全感。

1 国标要求的光照强度

当前，我国中学生近视眼发病率高达 80%，而小学以前则不到 20%。这两个数据很客观地把近视的两个主要可能因素筛选了出来：学习强度与室内环境的变化。具体来说，即看书和写作业的时间多了，学习的空间环境也发生了变化。

国家建设部对学校教室有明确的照度要求（《建筑照明设计规范》GB 50034—2004）：

● 课桌面的光照强度为 300 lx[※]。

● 黑板的光照强度为 500 lx。

对于高强度、长时间的阅读作业，光照强度应至少在 300 lx 以上。那么，家里的照明环境应达到什么要求呢？同样来自国标数据：

● 客厅起居室的光照强度为 300 lx。

● 卧室的光照强度为 150 lx。

2 儿童房的布光原则

国标数据里没有提到儿童房的照度标准值，但儿童房的光照强度应参考学校的阅读照明标准，至少达到 300 lx。要达到 300 lx 的照度其实并不难，基本需求的灯具类型如下：

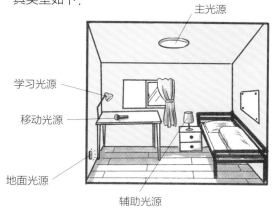

主光源
学习光源
移动光源
地面光源
辅助光源

● 主光源：顶灯。

● 学习光源：台灯（光源面积越大越好）。

● 辅助光源：床头灯（可以是暖黄光，以引导孩子睡眠）。

● 地面光源与角落照明灯：落地灯（覆盖可能阅读的大面积角落）。

※ lx（勒克斯）：照度单位，单位面积上所接受可见光的光通量（光源发出的光亮）。

● 移动光源：必要时可以临时补光。

以上光源会形成混合光，家长只要根据孩子的生活与阅读习惯按需布置，便可以在儿童房内营造明亮、健康的照明环境了。

儿童房混合光源（图片来源：网络）

小贴士

1. 准备测量光照强度的工具（有很多这样的 App，直接下载就可以），或者购买专业的照度仪器。

光度计 Pro

光照检测器

光度仪

2. 注意光照强度测量的高度。 在儿童房，尤其是铺设木地板的儿童房中，300 lx 光照强度的测量要基于 25 cm 的阅读高度（因为爱看书的孩子通常习惯席地而坐），而不是常见的桌面高度 75 cm。

3. 只要孩子进入儿童房，就帮他打开全部灯。 别怕费电，和孩子的眼睛比起来这真的算不了什么，确保儿童房环境明亮，务必做到无阴影、无暗角。因为大多数孩子不会主动去开灯，也分辨不出什么亮度是合适的。家长也可以安装一套红外感应开关，这样孩子到哪里，哪里就会亮。

4. 怎么选购儿童房的灯具？ 简单来说，家庭光源越亮越好，找到孩子经常驻留的地点，布置混合光环境，直到光照强度的测量数字达到 300 lx。

5. 养成良好的行为习惯。 不要让孩子养成低头、驼背的习惯，首先是不好看，更重要的是低头容易形成阴影，光照强度很难达到 300 lx。

真实小故事

我女儿就是从来不自己开灯、随处坐下来便开始看书的人。除了家里的照明环境外，我最遗憾的是为了让孩子养成按时写作业的习惯，经常占用她下午最后一节户外活动课。现在回想起来，那是她一天当中唯一可以缓解视觉疲劳的眼部恢复期。

"④ m²+ 成长"

和孩子一起成长的空间原则

> **本节重点：** "4 m²+ 成长" 的儿童房有助于孩子养成良好的行为习惯，培养更广泛的兴趣。

"4 m²+ 成长" 是指将儿童房划分为 4 m² 和 4 m² 以外两部分，是我在和大量儿童家长的长时间沟通过程中总结出的儿童房空间规划方法。

1 4 m²以内

4 m² 以内可以集中独立生活必备的大量家居要素，如：

● 起居（床、床上用品）。

● 收纳（当季高频更换的衣物、常用的服饰配件）。

● 学习（桌椅，经常使用的书籍、文具和参考资料等）。

这块区域是将孩子成长必须的独立技能，如整理收纳、及时归位、统筹准备等，设置在一个触手可及的小空间内，减少行动阻碍，便于其养成良好的生活习惯。

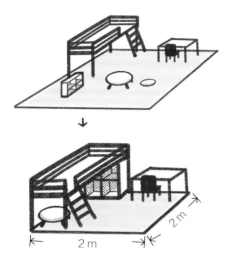

人的本性大都好逸恶劳。很多时候孩子不愿意做某些事情，只是"不愿意动""太远"，即便只有几米的距离。因此为孩子规避一些不必要的阻碍，可以让其更主动地去完成力所能及的事情。这就是 4 m² 空间的由来，将常用的功能家具集中在尽可能小的行动半径里，方便孩子快速完成。

2 4 m²以外

4 m²以外是家长和孩子共建的"成长区域"，这个区域的核心是兴趣。个人兴趣是孩子成长过程中非常重要的一环，在兴趣上的深入与成就，可以与孩子的自信心、学习能力相互促进。在学习、事业、家庭上遇到挫折时，兴趣这条"辅道"有助于孩子排解负面情绪，重拾信心，积极面对不可预知的未来。

培养孩子的深度兴趣并非易事，因其成长会伴随着好奇、尝试、失败、成就。除了户外运动、活动社交，大多数个人兴趣的培养都需要一个独立空间，只有专门的空间，才能满足兴趣所需的学习、体验、实践、成果展示，以及个人的思考与独处。因此当孩子的兴趣从无到有、从肤浅到浓厚时，父母除了需要用心观察外，更多的是进行大胆尝试。儿童房 4 m² 以外的空间经历两个阶段。

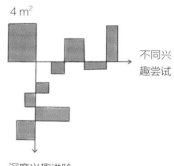

儿童房应适配孩子的不同兴趣（图片来源：一兜糖家居屋主 Gavenc）

< 随时改变，适配不同兴趣的空间需求 >

这个阶段，小小的几平方米内，会高频更换不同的角色：绘画室、琴房、机器车间、阅读室、舞蹈室，甚至陶泥工作室……这里有孩子的兴趣，也有父母的期待。因此前期的基础装修比较重要。

● 防污、整洁的墙面。

基本可以应付美术类的相关兴趣——绘画、书法、泥塑。

● 隔声墙体 / 消声墙面。

减少音乐类的双向噪声干扰——钢琴、架子鼓、电子乐。

● 木制墙面护板。

支持需要上墙类的器具——舞蹈房把杆、镜子、滑板等的上墙收纳。

● 多点位的安全电源。

支持需要电源和照明的各类兴趣——机器人组装、编程、阅读等。

<针对某一类兴趣的准专业空间建设 >

孩子经过 3 ~ 5 年的兴趣培养，开始某个兴趣领域的专业研究时，针对该兴趣的专业空间建设就显得尤为重要。这时候，孩子是使用者，家长是建设者，家长应进行深度学习去完成空间设计，如墙面、地面、门窗、天花板的全面隔声与消声，以及根据房型与空间定制不同的反射板等，甚至需要家长联系专业的声学机构。

家长需要进行深度学习，以完成准专业空间建设（图片来源：一兜糖家居屋主十宅一心）

小贴士

不论习惯养成还是兴趣培养，前提都是孩子健康地生长、发育。应优先保证孩子的睡眠时间，尤其是在养成自理习惯的过程中，从小灌输时间管理意识，然后再反推到不同"自理任务"所需的时间效率。例如，和孩子约定在睡觉闹钟响了以后必须关灯睡觉，那么洗澡、整理工作必须提前完成。

个性的儿童成长空间（图片来源：常州鸿鹄设计）

真实小故事

一天晚上 11 点，7 岁的女儿突然起床说，要在房间里画水彩画。时间很尴尬，地点很尴尬，结果也与预料的基本相符——儿童房乱得"一塌糊涂"。女儿画完画满意地睡觉去了，我则负责小心翼翼地"清理现场"。当时我就想，对于一个喜欢画画的孩子来说，方便清洁和防水、防污的空间真的很重要，至少当孩子有画画的冲动时，家长可以毫无顾虑地让她去实现。

第**3**章

儿童房的空间
规划

床的意义

本节重点：睡得好，与空间规划直接相关。

儿童房通常被人们默认为睡房，虽然理解上有些片面，但也说明了儿童房最基础的功能——睡眠。对儿童来说，整个发育期间一直到 18 岁，良好的睡眠是其生长、发育的关键。影响睡眠质量的常见因素有：

● 睡眠时间。

儿童的日常睡眠时间建议安排在晚上 9 点前。

● 床的舒适度。

选择稳固的床架，以及透气、有支撑力的床板和床垫。

● 床品的选择。

亲肤、保暖、透气的床品，符合孩子睡眠习惯的枕头。

睡眠是儿童房最基础的功能（图片来源：网络）

1 最容易忽视的是睡眠时间

让孩子坚持早起早睡，看上去很容易做到，但执行起来却非常困难，毕竟现实生活中有太多的干扰因素。只有产生严重后果时，比如孩子的身高低于正常水平，大部分家长才会认真对待。

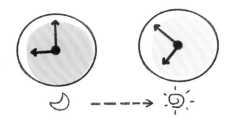

2 优选适合自己孩子的床

＜ 儿童床的款式 ＞

儿童床大致分三种款式：固定款式、可变尺寸款式和模块组合款式。

● 固定款式。

结构简单，功能固定，重在外形和色彩设计；适合 6 岁以上能够独立睡眠的孩子。

● 可变尺寸款式。

主要以孩子的身高为考量，让儿童床适配不同的环境，功能特点是解决 3 ~ 8 岁（独立睡眠过渡期）的孩子睡眠问题。

● 模块组合款式。

该款式是与孩子共同成长的组合床，设计的重点在于结合预留配件安装位置与不断衍生的功能模块配件，适合 3 ~ 18 岁的儿童。

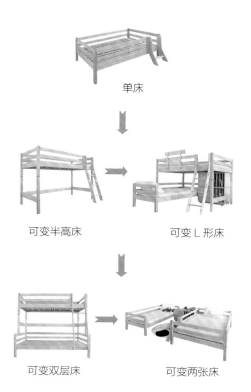

单床

可变半高床　　　　可变 L 形床

可变双层床　　　　可变两张床

< 儿童床的材质 >

儿童床的选材和制作工艺差异很大，由于床类家具基本上是活动拆装家具，因此组件多为平板式，主要构成材料有复合板、金属和实木三大类。

儿童床材质的优缺点

材质	优点	缺点
复合板	包括密度板、实木颗粒板、实木复合板和实木胶合板等（胶水含量由高到低排序）。复合板基本不受木材应力形变与开裂影响，适合制作大面积板面	复合板的结合介质是胶合剂，而胶合剂的有效期为五年左右。木材纤维的复合板（如实木胶合板），胶合剂过期后会出现鼓包现象；没有连续木材纤维的复合板（如密度板和实木颗粒板），胶合剂失效后会出现开裂等情况
金属（铁艺）	可塑性和承力能力能满足儿童与成人的长期使用，且有害物质的挥发较少	天气寒冷时，尤其是无供暖地区，皮肤与床体接触时体验不好
实木	天然的木材纤维能让五金结合得牢固紧密，经久耐用；支持各种配件组合与细节表现；极具亲和力，环保健康	木材纤维的天然应力使其容易变形与开裂，轻则影响视觉体验，重则影响使用体验。因此，大多数实木床通过交错的木材拼板来抵消相互的内部应力

这三类材料除去设计成本和工艺难度，价格段位上，实木明显高于复合板和金属（铁艺）。无论选用哪种材料，稳固、透气、良好的支撑力都是儿童床的核心考量因素。

3 舒适的床品

目前，常见的床垫主材有山棕、椰棕、弹簧和乳胶，山棕和椰棕比较硬，弹簧和乳胶比较软。针对儿童代谢快、容易出汗、体重较轻等特点，儿童床不建议使用弹簧床垫。推荐选用椰棕或山棕，并搭配 10 cm 厚的天然乳胶，这样身体局部可以在乳胶的缓冲下，着力在较硬的山棕 / 椰棕层，有助于睡眠时的肌肉放松。

床品应根据孩子使用时的体感来调整，基本标准是亲肤、柔软。被褥最好分夏季、春秋季和冬季；夏季应保证透气，春秋季和冬季要保暖、保温。

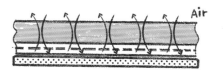

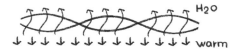

床垫和床品的透气、排湿是睡眠舒适的重要因素

椰棕 + 乳胶

小贴士

----

1. 不建议 8 岁以下的儿童使用高度超过 150 cm 的高架床，有坠落的可能，100 cm 的半高床比较合适。

2. 为了让孩子早起时显得精神些，最好将床放置在靠近窗户的地方，窗帘至少要局部打开，或使用透光纱帘。

3. 如果想让孩子养成整理自己床铺的好习惯，建议床不要靠墙放，并选择 90 cm 的标准宽度。

4. 为了降低孩子摔伤的程度，建议儿童房使用木地板。

靠近窗户的儿童房（图片来源：张成室内设计）

真实小故事

女儿的房间因为没有使用双层窗帘，单层的隔光窗帘让女儿早上起床只能靠闹钟，经常睡不醒，起床气很严重。后来，我们更换了窗帘，解决了自然光无法照入的问题，女儿基本可以做到自然醒。

收纳
理性思维的诞生地

本节重点：收纳要"趁早"，养成良好的收纳习惯，会让孩子受益一生。

收纳是近两年的热门话题，收纳的目的是保持空间的整洁，方便取放物品，但儿童房是个例外。儿童房是教育孩子养成收纳习惯的空间，孩子的收纳意识、习惯、能力是逐渐形成的，周期会显得十分漫长。

在孩子的性格分类中，只有少数儿童会对收纳有主动意愿，大多孩子在逻辑思维形成之前，都很难理解"我为什么要收拾东西"。因此，对收纳行为的理解与接受，是儿童理性思维建立的一个见证。早期培养良好的收纳意识与习惯，会促进孩子理性思维的形成。在长达十多年的成长阶段里，孩子的性格特点和心智水平会不断变化，面对不同的收纳对象，采用的收纳方式也不尽相同。

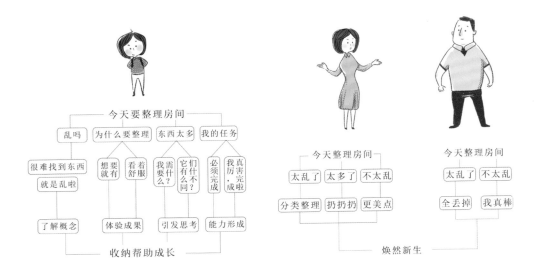

1 3 岁以前，以绘本书籍和亲子道具为主

3 岁前，儿童活动的区域主要集中在客厅，真正的收纳工作由家长来完成，但这是培养孩子收纳意识的最佳时期，孩子对物品摆放的变动与增减非常敏感。让孩子把学习、玩耍以后的物品放到固定位置，做爸爸妈妈的收纳小助手，既是亲子活动的一部分，也能固化孩子对空间功能的理解。这个阶段，低幼益智类玩具的体积比较大，书籍的开本也比较大，收纳的重点是：

客厅收纳区（图片来源：一兜糖家居屋主霸王刀豆）

● 玩具柜。

开放式的收纳，除了方便取拿，也有利于通风，抑制病菌的滋长。如果空间足够大，可以按照玩具的大小或类别，配以不同规格的收纳家具。

● 书架。

绘本建议使用封面朝外的展示类书架来收纳，这个年龄段的儿童对视觉对象非常敏感，善于关注和甄别自己的兴趣目标。

2 4 ～ 6 岁的学龄前儿童，"资产"快速膨胀

4 ～ 6 岁的学龄前儿童进入分房阶段，孩子的自主收纳区域需要转移到儿童房。随着孩子感统能力、肢体控制能力的成熟，玩具体积会越来越小、越来越精细，大规格的益智类教具、玩具会被逐渐淘汰。这个阶段，收纳工具和收纳对象大量增加，物品管理和空间管理成了家长和孩子的必修课。

儿童房收纳区（图片来源：一兜糖家居屋主大小姐）

● 区域转移。

控制客厅收纳区的面积，让孩子判断不同生活内容在空间中的比重。

家长应根据孩子的不同爱好选择收纳柜（图片来源：九色鹿软装设计）

● 空间原则。

将收纳区转移到儿童房，儿童房的空间管理者是孩子，监督者是父母，家长应在最开始时向孩子说明空间组成的划分要求。

● 书架。

书籍的需求显著增加，绘本的占比逐渐减少，可以使用 30 cm 进深的高容量、低高度书架，书脊可以朝外。

● 收纳柜。

根据孩子不同的爱好与倾向选择分类收纳柜，例如，喜欢画画的孩子，画笔、颜料、

画纸等需要适配的收纳工具，乐高爱好者会有专
门的乐高分类玩具收纳柜；喜欢户外运动的孩子，
则应配备器具架等。

● 衣柜。

鼓励孩子从拥有儿童房和独立的衣柜开始，就形
成自主收纳的行为模式。

3 7 ~ 10 岁，收纳习惯开始发挥效果

7 岁以后属于学龄期儿童，学习压力会让孩子弱
化对良好生活习惯的坚持，但此时恰恰是建立
收纳习惯的关键期。学业是阶段性任务，而收
纳管理是服务一生的帮手。这个阶段，收纳空
间和工具的增减变化不大，更多的是形式上的
变化。

● 书架可能会继续扩容。

学科类课本和课外图书应分开收纳。

● 衣柜内部调整。

根据孩子的身高发育情况调整衣柜内部空间的
高度。

儿童床下方是丰富的收纳空间
（图片来源：晓安设计）

● 收纳柜更加精简。

集中在孩子的深度兴趣领域，以及小容积的临时兴趣领域。

● 保持固定收纳区域和分类原则。

家长可以将空间存留物品和行为坚持列入日常奖惩机制，捆绑孩子的主动兴趣，让孩子知道收纳习惯和自身利益之间的关系。

集中收纳区（图片来源：网络）

养成良好的收纳习惯让孩子终身受益（图片来源：网络）

良好的收纳不仅会让空间清爽干净，更能提高孩子的学习效率，以减少孩子找不到东西时产生的焦虑情绪。面对高强度的学业挑战，养成良好的收纳习惯是很有效的教育投资。坚持过 7~10 岁，孩子会以逐渐成熟的逻辑思维，意识到收纳是自己一生的收益。

小贴士

1. 5 ~ 8 岁是最佳分房阶段，分房是培养孩子收纳习惯的分水岭。

2. 尽量不要和 10 岁之前的孩子讲太多道理，因其逻辑思维尚未完全形成。有时孩子真的是不理解某些大道理，奖惩机制会更为有效。

3. 收纳的本质是空间管理，空间管理的作用是为生活提供便利，孩子要明白这一点。

儿童房衣柜收纳区（图片来源：网络）

真实小故事

女儿 5 岁半分房，她把各种小工具、玩具分类放进了 30 多个小柜子。有一次，她出门忘记带一支画笔，打电话让我帮忙拿，能明确说出哪个架子、第几个柜子、什么颜色、怎样一个小盒子、什么样的笔。这让我深切地感受到孩子对收纳是可以欣然接受的，更重要的是能让这个好奇变成习惯，最后形成能力，这让她终身受益。

本节重点：巧用家具和空间，提高孩子学习时的专注力。

专注力是孩子学习的基础，也是一项重要能力。在幼童保育阶段，虽然家庭和幼儿园会在这方面有意识地引导，但没有硬性要求，因为孩子的注意力集中时间原本就很短。5～8岁分房以后，学科教育正式成为孩子的日常生活内容，对专注力的要求就会大幅提升，无论孩子是否愿意，都必须对指定的教学内容有较长的注意力。相对于幼儿园和家庭环境，这并不是一个"舒适区"，而是"对抗本能，适应规则"的重大挑战。

克服本能是一件艰难的事情，因此家长应为孩子的学习营造干扰较小的环境。在学校，专业标准的教室可以解决这个问题，但在家里，注意力的干扰因素太多，如声音、光线、谈话、电子设备、触手可及的诱惑（如零食和游戏）。如果想培养孩子良好的专注力，最好保持学习环境的统一性。

1 如何为孩子营造良好的学习环境？

首先，应为孩子提供独立的房间，否则，就需要全家人一起配合，在公共环境中创造合适的学习空间。也许有人会说："我们小时候都是在饭桌上写作业啊，现在不照样好好的！"事实上，的确有一定比例的孩子天生专注力就比其他人要好，而大部分孩子多多少少会受到影响。

其次，在儿童房空间塑造的过程中，学习空间建议设置在基础空间内，与床、衣柜等日常生活用品设置在一起，让孩子在潜意识里感受到"学习即生活，学习是习惯"。

学习对孩子而言绝非舒适区（图片来源：杭州文青设计）

② 学习空间的功能构成及注意点

学习空间主要分为三大部分：学习桌、学习椅和书架。

＜位置＞

孩子刚从幼儿园过渡到小学，依然对具象的图案、高饱和度的色彩非常敏感，因此，整个学习空间建议不要出现上述元素。素色家具是最

好的学习背景，孩子坐姿的正对面方向，最好不要放置书柜、玩具等可能是兴趣对象的物品，当孩子写作业遇到困难时，不会本能地将注意力转移到视野范围内的舒适区。

< 学习桌 >

很多学习桌都设置有可以调整角度的桌面板，以保护孩子的脊椎。调整角度最大的作用是减少书写、绘画内容的透视改变；由于书写时手腕与前臂是水平姿势，如果调整桌面板，会直接导致长时间写作业的手腕加重劳损。因此应根据身高调整桌面板高度，根据作业的内容调整桌面的角度，学习桌的长度建议在 100 cm 以上。

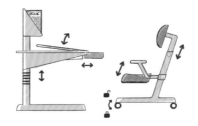

< 学习椅 >

首先，要有踏脚，如果脚部没有支撑，孩子会觉得没有安全感，长此以往，会因腿部不适而影响正常的学习。其次，如果选用转椅，最好使用重力锁，重力锁有助于减少因身体轻微动作而形成的转动和位移，这些移动会有直接干扰。

< 书架 >

书架分为课本、作业收纳书架和学习衍生类书架，兴趣类书籍书架不建议放置在学习空间。课本、作业收纳书架可以多分类，直接和书桌融为一体，方便取放；学习衍生类书架可以放在书桌旁。为了适应孩子的快速生长发育，至少应配备一个可以调节高度的书架，方便孩子使用。

符合儿童尺度的桌子、椅子
（图片来源：九色鹿软装设计）

儿童房学习区的布置（图片来源：喜屋设计）

3 学习空间的其他功能要素

＜照明＞

照明不足或有阴影可能导致孩子阅读的字迹不清晰、注意力分散，因此灯光的照度和灯具的位置应根据孩子的身体和学习方式进行调整。一般来说，照度在 300 lx 以上的桌面台灯，与房间内主光源的背景环境光组合，完全可以满足孩子阅读、学习时对光照的需求。

 蓝光　＝　紧张

 白光　＝　专注

 黄光　＝　放松

＜色温＞

即便照明强度足够，色温也会对注意力产生影响。白光比黄光更有助于集中注意力，而微弱的黄光则可以助眠。

＜噪声＞

家庭环境实际上是一个小型公共环境，不同的家庭活动会制造出各种声音，如谈话声、杯碟碰撞声、娱乐声等。进入儿童房的声音超过 50 dB，就会引起孩子的注意。因此儿童房应离客厅相对远一些。由于房门大多离地有一定的间隙，声音可以自由流通，所以建议选择 3M 密封条，以降低噪声影响，房门最好选择带有静音功能的。

60 dB
脑力劳动

50 dB
白天休息

35 dB
夜间睡眠

小贴士

1. 用眼健康、准时睡眠与学习同等重要，都是孩子应当养成的良好习惯。

2. 在功能上，椅子比桌子相对更重要，椅子的高度需要家长帮助调节。家长看到孩子总是低头写作业时，就应该把座椅调低一些，或调高桌面。

3. 建议选择 3M 密封条，以降低噪声对儿童房的影响。

可调节高度的儿童椅（图片来源：网络）

真实小故事

女儿 3 ~ 6 岁用的都是小画桌和高度固定的小凳子，7 岁以后才使用高度固定的书桌和可调节转椅，但到了 9 岁，女儿才明白调节座椅的高度可以帮助自己更好地完成作业，而不只是升降着好玩儿。

 展示
通过仪式感树立自信心

本节重点：小自尊、大能量；有规划地展示陈列，能让儿童房充满仪式感。

父母爱孩子，但孩子的自尊心有时却得不到父母由衷的尊重，因为那些小小的自尊心看上去那么幼稚可笑。破树叶、小野花、小石头、画了不丢的"连环画"，各种比赛上拿回来的奖状……这些在家长看来不甚重要的东西，对孩子来说却是对一次次付出和参与的肯定。

有些东西展示出来的价值远大于"躺"在收纳柜里，这些物件汇集着孩子最重要的小心思，不断加固，便可以让孩子增强自信。

1 如何陈列值得展示的东西？

展示与陈列在商业领域是一门复杂的专业，但儿童房很小，应因地制宜地利用好每一寸空间，以发挥展示品对孩子的"刺激作用"。

< 平面类 >

如打印出来的摄影作品、绘画、奖状，可以用无痕胶直接粘到墙上，或用磁块吸住。

< 立体类 >

如模型、奖杯、标本、手办，需要可以稳定的平台。长期陈列的轻质物品放在上墙的窄长形搁板上（进深一般不超过 15 cm，长度视空间需求而定），较重的物品则放在进深超过 20 cm 的柜架上，或直接放在桌面上。

< 其他类 >

如大型建筑模型、有纪念意义的玩具车队、旅行带回来的纪念品、签名版足球等。

专业展示柜（图片来源：一兜糖家居屋主 CHAO_ER）

如果孩子有"里程碑"式的展示习惯，那就需要设置一个专业的展示柜或专门区域。陈列时，如果搭配时间、地点以及基本说明，会让孩子更清晰地看到自己行为所产生的价值。如果物品极易损坏，最好采用防护器具进行保护。这些具有"提示性""满足感""回顾式"的陈列，有的会成为孩子成长的动力和目标，有的则会一次次强化孩子对曾经拥有事物更加珍惜。

❷ 展示的东西太多怎么办？

展示也是一种收纳，只要是收纳，就会受到空间限制。展示的物品不能没有限制地随处张贴，常见的陈列地方有：

● 床头背景墙、床头柜。
适合张贴小尺寸照片、手绘作品或家庭规则。

● 书桌正对的墙面、桌面。
适合张贴学习荣誉、偶像格言、积分贴纸。

● 书架和书架所在的墙面。
适合陈列旅行纪念品、创意作品。

● 游艺区的空白墙面。
适合展示孩子喜欢的玩具。

● 房门上。
适合展示表达孩子心情的手写内容。

墙面展示区（图片来源：一兜糖家居屋主 JODY）

每个家庭可利用的空间不尽相同，家长可以按照自己的理解进行分类。之所以要把空间罗列出来，目的有二：一是预先规划，保持空间的整洁美观；二是让孩子知道空间是有限的。当有更多东西需要"晒"出来时，必须撤下之前的物品，甚至清理掉或送给他人，也可以通过拍照将孩子曾经在乎的东西予以保留，这样既可以解决当前的收纳问题，也让展示的初衷得以延续。

墙面展示区（图片来源：一兜糖家居屋主小倩）

❸ 除了张贴和直接摆放，还有其他陈列方法吗？

需要特别陈列的往往是特别的物品，如花花草草、几片枯树叶、爬山时爸爸捡来的 "登山杖"，这些物品看似与精致的室内环境格格不入，却充满意义。家里常备一些 "一枝花器"（专门为 15 cm 内的单支或少量花叶设计的花器），这样孩子带回来的野花、野草便可以长期展示。

创意处理 DIY 的树枝、棍子，例如，在阳台或儿童房的墙面规划一块 50 cm×100 cm 的竖形区域，处理好可以固定物品的平面，然后将物品集中展示。

在路上偶遇的一小块石英簇，怎样让这块小石头发挥更多的能量？认真参与到孩子"发现"的世界，把石英簇的学名、用途、发现地点、在山上的合影做成小卡片；借助可分隔的亚克力展示盒，郑重地展示在有顶光的空间中，以此激发孩子探索大自然的热情，开启对科学知识的一生爱好。

特别陈列的物品（图片来源：设计师南爸）

小贴士

1. 应避免所展示物品的混乱摆放，这会让展示的仪式感与价值感降低很多。

2. 拍摄记录是与孩子共同成长的好习惯，尤其是记录孩子和自己心爱之物的合影。

3. 如果需要陈列的物品极易损坏，最好采用防护器具进行保护。

使用防护器具保护极易损坏的物品（图片来源：设计师南爸）

真实小故事

有一年我们去柬埔寨旅行，女儿无意中捡到了一块很像包着"恐龙蛋"的大石头，兴奋了许久，一度担心回国安检时被认为是走私物。直到这块"恐龙蛋"安全到家，她才放下心来。最后，女儿将这块"恐龙蛋"和唐代果盘（海里捡到的，经博物馆正式鉴定）、在药店里买的海马放在了一起。

兴 趣活动
小宇宙的建设基地

本节重点：不同的兴趣适配不同的环境建设，儿童房是孩子的兴趣空间。

孩子刚出生时，家长会带着"一切皆有可能"的想法开启对孩子的漫长培养之路；而当孩子 7 岁左右时，大部分家长都会感慨"基因的强大"，接受自己的孩子在大多数技能上都只能是入门的兴趣阶段，但不论孩子的兴趣是否会成为专业技能，都是一生的财富。

从长远来看，儿童房应为孩子留出兴趣空间。兴趣的广度和深度有助于孩子发现不同领域和世界之间的共通性，从而形成真实、客观的世界观。那么，如何为孩子的兴趣提供良好的环境呢？

1 音乐

至少留出 4 m² 以上的空间，尤其是爵士鼓、钢琴等大型乐器，并做好隔声板、吸声板的装修铺设，既避免影响邻里关系，又能有较好的演奏体验。良好的隔声设计可以让声音在主墙内外的音量差值达到 25 ~ 30 dB，举例来说，如果鼓房里的打击声达到 98 dB（等于电锯的声音），一墙之隔就可以降到 70 dB（等于白天街道的环境声音）。

2 阅读

如果孩子喜欢阅读，照明设备应排在第一位，300 lx 以上的光照强度才能保证用眼健康。其次，使用伸手可及的书架和舒适的坐具。

可随意书写的黑板漆（图片来源：一兜糖家居屋主 Art_bopu）

3 美术

如果孩子喜欢美术，包括画画、泥塑、拼贴等，除了提前准备好相应的收纳家具外，家长还需要做好墙面、地面的防水、防污处理。即便在孩子玩得过分时，也不会给清洁整理造成很大麻烦。美术用具较多，包括颜料、画笔、纸张、书籍等，专门的收纳家具显得尤为必要。

儿童房手工作业区（图片来源：一兜糖家居屋主佳妮）

4 手工

提前准备好存放工具 / 材料的分类收纳器，保证充足的照明，并尝试为空间做减法，避免藏匿零件、工具的杂乱堆放，以及不合理的空间利用。一般来说，只要是手工作业区，工具、材料、半成品、成品、图纸、零件都需要分类收纳，使用之后要分类归位。

5 舞蹈和体育

● 形体训练类需要稳固的日常训练辅助器材和面积足够大的木质地面，儿童房应在 4 m² 以上，并铺设木地板。

● 针对不同的体育用具设置专门收纳柜或陈列架，如篮球、足球、登山装备等。

孩子坚持到最后的兴趣大部分是经过长期投入且取得了一定成果的。儿童房预留的兴趣活动空间应确保基础家具和照明的配置：面积足够大的空间、安全的地面，以及可快装、快拆的墙面。通过不断测试，家长在确定孩子的稳定兴趣以后，再进行深度装修改造，为长期的兴趣深化做准备。

带攀岩墙的儿童房（图片来源：一兜糖家居屋主十宅一心）

小贴士

儿童对兴趣的关注度差异明显。年龄太小的孩子过度关注某一类兴趣，有可能会削弱其对生活环境中其他常识的正常关心，后期也会在社交沟通和通识理解上遇到障碍。因此家长应带孩子接触更多的环境和事物。在儿童房活动区内，家长可以主动安排不同类型的亲子互动，来激发孩子的好奇心。

社交
学会分享与合作

本节重点：神秘的"密室"不能只有一个人，儿童房是培养孩子社交能力的重要场所。

儿童房不仅是孩子的房间，也是培养孩子社交能力的重要场所。现在的孩子和过去相比，知识来源的途径更广泛，可以随时随地在虚拟世界无障碍交流，但人与人之间面对面的沟通，除了在校期间，却少之又少。很多家长希望在孩子 3 ~ 10 岁时，尽可能创造更多孩子之间深度交流的机会，让其具备区分"同学、一般朋友、好朋友"的认知能力，这时儿童房就成了重要阵地。

"一个人住，两个人玩，三四个人也能挤在一起说悄悄话"，这就是儿童房的特别功能——"密室"。要为孩子准备这样的空间，应当基于孩子的行为需求去思考。

1 多人共处，首先考虑空间大小

小屁股、小腿即便是坐在地上看书，也要占据 40 cm × 90 cm（接近 0.4 m^2）的空间，加上玩耍所需的空间，儿童房应预留出 2 m^2 以上的空间，才能支持三个孩子席地共处。此外，最好有一堵以上的墙面方便孩子倚靠，同时节省更多空间。

儿童房具有社交属性（图片来源：网络）

充满童趣的布艺帐篷（图片来源：芜湖研设计）

2 考虑多人之间相处时的心理空间预留

并排坐可以很紧密，但 20 cm 以上的肩距会让人更舒服；对视或角位，则需要不小于 80 cm 的距离，否则，会让人很不自在，即便是儿童也会感觉到。如果儿童房空间不是很大，长方形空间比正方形空间的利用率更高。

3 如果空间足够宽裕，可以增加一些柔性的简易家具

懒人沙发、较厚的坐垫可以让坐姿更舒服；布艺帐篷让孩子拥有更私密的交流空间。提高儿童房内家具的舒适度，会让空间的社交属性更具吸引力，吸引小朋友来一起玩。

懒人沙发（图片来源：本空设计）

4 只要孩子在一起玩，就会产生争执

4岁以上的孩子已不太可能硬抢别人的东西，在同一个空间里各玩各的，或一起玩协作类游戏的情况比较常见。但儿童的好胜心强，经常会因炫耀自己的东西，而忽视别人的感受，不可避免地产生争执。因此家长应尽量创造需要协作、共用玩耍类玩具（如棋类、卡牌）的环境，或提供积木、泥塑等创造性工具，避免私密性较强的物品出现在多人共处的时间段。

儿童房活动区（图片来源：设计师罗秀达）

5 记录并展示孩子们之间的友谊

不论孩子在校内还是在校外，和小同学、小朋友一起玩的场景，家长都可以洗成照片，用来装点儿童房，这样会让小客人感觉到小主人是个喜欢交朋友的人，也可以让孩子直观地感知友谊的存在。

孩子有这样私密相处的时间并不多，应格外珍惜。上了中学，尤其是高中以后，朋友们一起玩的机会越来越少。如果孩子还在上幼儿园或小学，应尽量让孩子在校外或家里多一些与朋友共处的时间。友谊是人与人之间最基础、最重要的情感，值得为此投入。

神秘的"密室"不能只有一个人（图片来源：博主 @杨喵菲－米娘）

小贴士

----

1. 孩子们玩耍时如果产生争执，只要没有出现人身伤害，家长尽量不要干预，因为这是难得的"安全"锻炼机会。

2. 孩子们在一起玩的时候，家长应尊重他们的隐私，进入儿童房之前应先敲门。

3. 养成上门来一起玩先预约的习惯，让孩子知道儿童房不只是孩子们的地盘，对其他共处一室的人也要予以尊重。

儿童房游乐区（图片来源：张成室内设计）

真实小故事

我家里经常会来各种小朋友，或是同学，或是邻居，不同的性格，有男有女。因为是主场，女儿能更加自信地待人接物。如果有同学预约要来，女儿会提前整理房间，准备好玩具、书籍，然后一直等小朋友上门，时间快到了还去路口带路。整个过程中她能独立地去安排自己小世界的事情。

第4章

360° 儿童房

体验

夜晚
幻想与现实的交会点

本节重点：让孩子免于对黑暗的恐惧。

对黑暗的恐惧人类与生俱来，但在成长的过程中并非一贯如此。从孩子出生到 2 ~ 3 岁，属于想象力的引导期，他还没有对黑暗环境产生足够多的恐惧联想，即便孩子在夜间出现负面情绪，多半也只是对父母的依赖需求。然而，孩子经过长达四年的高饱和度认知和教育，已积累了足够多的"素材"在黑暗中幻想翩翩，自己吓自己。家长在欣喜培养出孩子强大想象力的同时，也打造了一个"怕黑"的孩子。

当孩子进入分房阶段，如何让孩子免于对黑暗的恐惧，是每个家长都会遇到的问题。

1 怕黑的源头

5 ~ 6 岁的孩子对亲人会无条件地依赖和信任，并融合自己的直观体验和父母给予的信息，来构筑自己心中的小世界。在这里，现实世界和想象世界没有界限，安全与危险没有体感上的差别。家长给孩子讲了多少鬼故事，看了多少"大坏蛋"的书，到分房时"都会还回来"，所以孩子怕黑是真的害怕，因为他的恐惧会无限放大。

2 解决办法

从孩子的角度来看，很容易解决，那就是开灯。否则，关灯就哭，关门就哭，不讲故事到睡着就哭，睡着了起来发现灯关着会继续哭……但如果开着灯，势必影响孩子的睡眠质量；如果开着门，家人做事、说话的声音也会干扰到孩子睡觉。这是父母担心、孩子无感的问题，必须兼顾，才能解决。

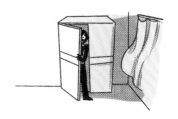

天花板上的内容越具体，越能驱散负面想象
（图片来源：武汉支点设计）

人性化的照明设计会降低孩子对黑暗的恐惧
（图片来源：上海鸿鹄设计）

下面模拟一下孩子临睡前的活动：

对象	5 岁半的小女孩
目标	21：30 前，在关灯环境下入睡
状态	刚刚分房
空间环境准备	房门：无锁房门
	声音：静音房门、隔门档、隔声玻璃窗
	照明：儿童房内可调节色温与亮度的主光源（暖色调），辅助装饰灯、床底感应灯带、通往父母房间路径上的感应脚灯
	防坠落：床沿的地面上放置中高厚度的地毯
19：00	晚饭、洗澡、亲子活动
19：30 （生理状态准备）	不要让孩子喝大量水、奶、饮料，以减少夜间上厕所的频率（7 岁前孩子的泌尿功能尚未发育完全，容易遗尿）
	最好不吃东西（有些食物会让孩子延迟睡意）
	不要做剧烈运动（跳绳、轮滑都会让孩子身体兴奋）
20：30 （入睡前）	睡前洗漱、上厕所，有需要的话可以喝 1 ~ 2 口水
	从儿童房可见的各个房间全部关灯或调暗光线，不影响孩子睡眠
	关闭儿童房内的主光源，保留床头灯，调到没有直射的弱光状态
	睡前阅读（最好讲熟悉的故事，这时孩子需要一个引入另一个世界的心理暗示）
	孩子睡着
21：30	孩子熟睡，启动床底感应灯带（孩子夜间醒来时，灯带会自动亮起，打破孩子的黑暗恐惧）
00：30	有些孩子有夜间游走的习惯，或者因害怕惊醒，应确保其行走路径是安全的，并保证孩子能第一时间找到父母。（这时不要拒绝孩子的要求，独立睡眠之路很漫长，但第二天要在清醒的时候让孩子独立睡眠）

孩子对黑暗的恐惧会持续到 9 ~ 10 岁，这期间，他们会逐渐通过对真实世界的接触体验来修正自己对"世界"的理解构成。家长可以用空间应用结合想象来对抗恐惧幻想，比如：

● 孩子最害怕的床底。

建议安装感应灯带，如果想再强化些，可以配备占满整个床底的拖箱，拖箱里放着孩子熟悉的玩具和衣物，这样他就不会想象床底会爬出东西来。

● 孩子第二害怕的衣柜。

平时让孩子积极参与到家庭的收纳整理活动中，充分熟悉自己的房间，并且可以赋予衣柜是"某某（一个熟悉的任务）的家"，减少其对不熟悉空间的恐惧感。

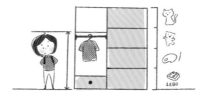

● 黑黑的天花板。

将天花板和墙面投射成具体的想象空间，如星空、宇宙，内容越具体，越能驱散负面想象。

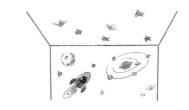

小贴士

1. 光是空间的重要组成部分，特别是对孩子而言，光代表可以看到的安全感，但光源在一定程度上会影响孩子的正常睡眠，很多家长对此非常矛盾。建议家长接受孩子开灯睡觉的要求，等孩子入睡后再帮其关上，这个过渡时间不会很长。

2. 如果是亲子阅读，就需要比较明亮的环境；如果只是睡前讲故事，家长可以将灯调到夜灯的亮度，这样更容易引导孩子入睡。

对孩子而言，有了光便有了安全感（图片来源：网络）

真实小故事

女儿小时候很怕黑，我们当时特别准备了对讲机、小夜灯，但她依然会半夜跑过来和我们一起睡。最后我们采用"小红花"的激励方式，女儿从最开始的一周自己完整睡 2 天，到 3 天、4 天，直到完全睡一整周，整个过程差不多持续了半年。

生活路径

解构孩子在家的 12 个小时

本节重点：围绕孩子生活方式进行合理的空间布局。

儿童房是独立空间和独立时间的结合，孩子不仅需要时间去理解，也需要学会管理，将儿童房变成呈现事物或完成任务的平台，发挥"立体生活教科书"的作用，真正成为个人成长的基地。

本节以 4 ~ 6 岁（分房期，也是习惯养成的最佳时期）的幼儿园小朋友为例，分解从起床到入睡的时间片段，研究父母如何利用空间工具介入孩子生活路径的不同时间节点，和孩子一起养成良好的生活习惯。

孩子在家的 12 小时

6 ~ 7 点
起床

孩子年纪尚小，自理速度慢，有时会有起床气和各种情绪——不耐烦、害怕、着急、焦虑，但父母上班、孩子上学的时间不能等，怎么办？

▶ 前一天晚上和孩子确定好第二天要穿戴的衣物，并放在固定的收纳空间。

🔖 第二天早晨，用自然光叫醒孩子，留出醒神的适应时间。

🔖 窗帘最好为双层，一层遮光，一层半透光，方便叫醒孩子。

🔖 起床前，父母在床前有短暂的陪伴和交流，把孩子从梦里拉出来。（排除梦境情绪和生理的不适应，孩子起床便会理性很多，命令会更加有效）

**7～8点
出门**

4～6岁的孩子已经很清楚自己要带什么，但还记不住需要带什么，漏带东西很正常。家长应提前做好准备，让孩子知道自己需要带什么，帮助其养成有序的生活习惯。

🔖 添置用于第二天出门要带东西的收纳物品，把书包、衣物、毛巾等临时物品放在一起，方便一次性快速拿走。

16 ～ 17 点回到家的孩子，一般来说，家里都有老人或保姆，但老人往往无法进行高强度的亲子互动，因此，在晚餐前，孩子可以完成家庭作业或做手工。幼儿园布置的任务不会超过 1 小时，剩余的时间可以让孩子自由活动。建议部分玩具或杂物收纳柜仍放在客厅里。

16 ～ 18 点 回家

这是家庭教育最重要的两小时，这两小时质量的高低直接影响亲子关系和孩子的生活习惯养成。因此建议分为三部分: 学习、习惯培养和情感互动。

19 ～ 21 点 亲子活动

▶ 幼儿园的学习更多的是常识认知，亲子互动的主场不限，儿童房和客厅都可以。

▶ 习惯培养是主要部分，互动场地以儿童房为主。每天花费二三十分钟的时间和孩子一起整理、布置儿童房，把孩子的个人兴趣、学习任务、空间建设转变为具体的小任务，完成每天的任务后，应予以奖励，有助于孩子更深入地了解自己的生活空间。

情感互动更加接近本能，与孩子的亲密举动适合在睡前完成，床边需要有舒适的家具。

21 点后入睡

孩子的入睡是一个需要环境配合的行为，具体操作详见第4章"夜晚"一节。

通过解构孩子在家的 12 个小时，可以总结出儿童房的几个规律：

（1）从幼儿园开始，儿童房需要一个"出行预备收纳空间"，以便最大限度地节约出行准备时间，降低孩子准备不足的焦虑感。

（2）最好配备一个轻巧的可移动收纳家具，往来于儿童房和客厅之间，用于亲子互动，并方便老人照看。

（3）善用自然光来引导孩子睡眠，灯具和窗帘的布置是重点，目的是安抚入睡、柔性醒床。

善用自然光来引导孩子睡眠
（图片来源：网络）

"出行预备收纳空间"（图片来源：网络）　　　可移动的收纳家具（图片来源：设计师南爸）

（4）展示空间是孩子成长过程中的记录与见证。

（5）学习习惯和生活习惯的养成是亲子互动的重要组成部分，学习陪伴需要更大的桌面，进入小学后的学习空间应预留家长的位置。

（6）提供至少两人以上的坐具，以及方便孩子整理的平台家具，如小桌子。儿童的身高决定了需要一个低矮的平台来整理个人衣物和用品。

空间布局中有很多刚性需求，在满足基本要求外，应根据孩子的性格特点来按需搭配，因为孩子成长中的需求是不断改变的。

小贴士

1. 每个孩子的性格不同，但生活习惯与性格无关，是可以修正和培养的技能。为了让孩子能更好地独立生活，家长应根据孩子自身的特点来定制培养方案，务必让孩子对儿童房的自理有足够的动力。

布局紧凑的儿童房（图片来源：梵之设计）

2. 建议购买一块壁挂画板，把孩子每天固定或临时要带的东西写在画板上，以提高孩子的出行效率。

真实小故事

女儿上三年级时，班里开始流行穿着第二天的校服睡觉。我们很好奇，也觉得很搞笑，孩子却一本正经地说："早起时穿衣服太麻烦、太浪费时间，这样我可以多睡一会儿……"我突然觉得其实自己没有那么懂孩子，她有她真实的需求。

时 间的魔法
随时会变的空间

本节重点：随时关注孩子的变化，了解儿童房的更新要素。

对房子进行改造是个浩大工程，但作为"房中房"的儿童房却是个特例。不同年龄段的孩子对儿童房的需求差异较大，特别是 7 岁左右。7 岁以前孩子的服从性仍在可接受的范围内，7 岁以后孩子会变得越来越独立。因此，如果父母希望陪伴孩子的成长，成为孩子幼年的依靠、少年的导师、青年的伙伴，就应该留心关注孩子的变化，对儿童房做出相应的调整，因为时间会改变空间的属性。

以新婚装修来计算，儿童房的建设通常分为两个阶段，初次和整体的家庭装修一起，留下儿童房必要的硬装基础。然后，在相当长的时间里成为杂物间、客房或老人房。真正开始为孩子量身定做儿童房时，基本已是 3 ~ 5 年以后。这时，时间作为"魔法师"的作用开始呈现。

1 3 岁左右

儿童房筹备期，基于父母对孩子 0 ~ 3 岁的成长认知，会给孩子准备大量可爱萌版的表面装饰，空间布局侧重于保育和方便看护。

挂画可随着孩子的成才更换
（图片来源：网络）

2 4 ~ 6 岁

进入幼儿园阶段，即便孩子还没有开启儿童房的独立生活，4 ~ 6 岁孩子的状态有可能发生变化。如何在陌生的环境中让孩子学会独立自理，成为家长培养孩子的责任和迎接小学生活的准备。这时孩子还不具备自理空间的能力，各种乱涂、乱画、乱贴、无规律地陈放东西非常常见，更没有所谓的收纳技能。

3 6 ~ 8 岁

孩子的独立意识和对抗心理会在 7 岁左右不可避免地到来，因此建议在孩子 7 岁前强化完成原则性的执行命令。在此阶段，幼儿园也会设置相应的课程，培养孩子的秩序感和服从性。进入小学以后，是父母与孩子冲突的高发期，孩子也慢慢适应全日制学科教育，儿童的特性会渐渐褪去，少年的独立、自信逐渐升级，孩子愈发清晰自己的选择和喜好。

这时的儿童房，父母已经不能擅作主张，应要悉心观察孩子的变化，和孩子一起去改造，帮助孩子塑造自己的理想世界。

7 岁以后的孩子更加清晰自己的喜好（图片来源：南京北岩设计）

9 ~ 12 岁是孩子基础审美形成的关键期（图片来源：网络）

4 9 ～ 12 岁

进入小学中高年级或初中，孩子的学业和其他学习任务会占用大量的时间，他们不再关心房间的每一个角落是否满足自己的要求，视野也会从家庭转向外面的世界，但这个阶段是孩子基础审美的形成期。这时的儿童房，家长可以潜移默化地改造孩子不太关心的硬装修环境，提升儿童房的美学背景环境，把展示性、装饰性的功能空间留给孩子来决定。

5 12 岁以上

孩子正式进入青春期，父母已经不太能进入儿童房改造什么，在青春期结束之前，孩子会在自己的世界里待很长时间，这时家长能做的只有观察、倾听、默默支持。

在上述这几个阶段，长达十年的时间里，每一次儿童房都会因孩子的成长和生活方式的改变而改变。

● 从功能到审美。

功能为培养孩子的自理能力，审美为提高孩子未来的生活质量。

● 从保育到教育到交流互动。

保育是为了孩子健康成长，教育旨在培养孩子的认知，交流互动则为培养情感。

● 从家庭到小集体到小社会。

不同共生的对象，让孩子逐渐从自然人成为社会人。

儿童房是孩子成才过程中的一面镜子（图片来源：常州鸿鹄设计）

简单来说，儿童房不只是孩子休息的空间，更是孩子成长过程中的一面镜子。让孩子能在自己的空间里充分展现不同阶段的想法与心情，父母可以发现另一个更真实的孩子，为其成年后的蜕变做好准备。

小贴士

1. 儿童房改造的核心应围绕"功能"和"装饰"。由于儿童房改造频率较高，除了通过观察孩子的变化来调整以外，为了降低改造难度，建议家长选择可以组合拆装的功能家具，不仅工程量小，也可以让孩子参与到改造的过程中。

2. "时间会变魔法"，家长应悉心关注孩子的变化，帮助孩子打造属于自己的理想世界。在这个过程中，亲子关系的质量也会因为这样的深度互动而随之提高。

儿童房是一个多变空间（图片来源：合肥 1890 设计）

真实小故事

女儿上三年级后，突然跟我们说她其实并不喜欢粉色，只是为了和别的小朋友亲近才说自己也喜欢粉色，实际上自己更喜欢淡紫色。此后，我们在给她买东西时更倾向于紫色系。孩子认同的东西越来越多，会越来越自信，也能感受到家长的理解。

通风与净化

以最佳状态迎接每一天

> **本节重点：保证儿童房的通风与净化，让孩子告别一早起来闷闷的房间。**

小时候，母亲早上叫我起床，都是拉开窗帘、打开窗户、掀开被子的"三开"催醒法。虽然过去了几十年，我仍然记得当时的感觉——风把一切新鲜的东西从窗外送进来，阳光、空气、声音，开启全新的一天。

今天的城市空气环境已不像过去那么好，父母也会更温柔地介入孩子的生活，但孩子早上起床，经常是在一团浊气里完成清醒的过程，儿童房中良好的空气环境需要更适合的装修和设备来实现。

1 装修对室内空气质量的影响

儿童房是很小的单体空间，门一关，空气基本上无法流通。我通过连续几年对不同家庭儿童房的装修观察发现：一个家庭装修完成后，在通风时间相同的情况下，TVOC※ 残留最多、残留时间最长的是儿童房和杂物间。基于儿童房的特殊属性，家长选择装修材料时尤其要格外注意 TVOC 的官方检测含量。

※TVOC：挥发性有机化合物的总称，包含多种已知对人体有害的致癌物，如苯、甲苯、甲醛、乙醛等。室内 TVOC 含量不能超过 $0.6\,\text{mg/m}^3$。

装修 1 个月内与装修 1 ～ 3 年后，TVOC 的释放情况

	装修 1 个月内	装修 1 ～ 3 年后
有害物质	TVOC	
存在载体	材料本身、油漆、胶水（大量木工油漆、墙面漆、建材胶合剂）	材料本身（颗粒板、木渣板、密度板、欧松板等胶合板）
释放原因	自然挥发、释放	产品质量问题或密封（如封边）不当导致释放
味道	明显的刺激性气味	味道不明显，但存在隐性影响

此外，也存在一些特殊情况，如某一装修材料或家具的 TVOC 检测指标是合格的，但多种材料、几个产品放在一个空间后，释放物之间会发生化学反应，产生新的 TVOC 污染物。因此建议儿童房中多使用天然材质，减少有毒释放物。

装修完成后，儿童房应长时间通风（图片来源：一兜糖家居屋主鱼云）

② 日常通风与净化

装修完成，TVOC 释放得差不多以后，儿童房正式启用，日常的空气质量便提上了议程，这时家长应着重关注儿童房的通风和净化。儿童房最好能有良好的空气对流环境，室外空气可以通过儿童房进入全屋，形成对流循环。如果通风条件不充分，可以借助通风设备（如新风系统、空气净化器）来实现，同时儿童床摆放的位置应靠近气流路径，避免设置在角落。

白天不建议儿童房关着门，孩子上学后，儿童房应完全与外界通风，形成空气对流，以改善室内空气质量。如果室外空气质量不佳，建议在室内开启空气净化器，实现整个家庭的室内空气循环对流。

晚上孩子休息时，为了保证孩子的正常睡眠，只能关门。空气环境差的地区，建议使用新风系统和空气净化器来净化儿童房的空气；空气质量较好的地区则留出通风的窗口，实现保暖与通风。

小贴士

新风系统经历了早期的换气扇、增加物理滤网，到现在的静电吸附、热交换系统，逐渐成为城市生活中常见的设备。如今，空气环境对新风系统的性能要求越来越高。有些空调结合了新风功能，但从效能上来看，独立的新风系统可以更好地满足使用需求。

儿童房新风系统（图片来源：芜湖研设计）

真实小故事

我曾经造访过一家儿童房，装修一年以后，该儿童房 TVOC 综合指标明显超标。现场勘察发现，这间儿童房几乎就是一个杂物间，除了供孩子使用外，大量闲置的家具和用品堆满了房间，即便风吹进来，也会形成乱流，无法为房间带来新鲜空气。正因如此，才让装修产生的释放物难以驱散，长期下来将会对孩子的身体造成不可逆的伤害。

安全
危险无处不在

本节重点：儿童房让孩子有个安全的探险空间。

离开家，在广场、商店、超市，父母的视线就是孩子的保护网，不离开可视范围是儿童基本的安全守则；在家里，刀剪、煤气、火和电、登高，也是家长从小教育孩子不能碰触东西，而家长基本上是长期处于"应急戒备"的状态，直到孩子七八岁懂事为止。这也是很多家庭不愿意过早分房的原因，毕竟孩子在眼前最安全。

无论如何，孩子迟早和父母分房生活，家长应当意识到：孩子在儿童房里遇到什么情况，你看不见，甚至不知道它的发生，但你要保护他。

1 安全法则

分房前，家长应和孩子"约法三章"，把规避危险情况的大前提说清楚、讲明白。

▶ 不能爬到任何一个家具上面，尤其是转椅上。

▶ 不能自己插拔电源插头，尤其是没擦干带水的手。

▶ 刀具和火不能带进儿童房间，在家里其他地方使用时，父母要在旁边。

▶ 不能锁门。

▶ 在家里不能奔跑。

以上约定可以避免一些潜在的高风险状况，如坠落、电击、刺伤、割伤、撞击等主动伤害，而被动伤害则是父母需要提前预防的。

2 被动伤害

被动伤害的情况很多，大体可以概括为高危和低危两大类。

< 高危被动风险的预防措施 >

▶ 孩子使用的家具选择可锁定款式，避免踩上去出现椅面旋转、板件断裂的情况。

▶ 安装漏电空气开关，常用的 12 V 电源最好提前分线引出，这样即便孩子插拔时，也不会接触到 220 V 交流电，而是 30 V 以下电压，不伤及生命。

▶ 选择阻燃无烟、高温无毒的装修材料。

▶ 拆除儿童房的门锁或购买有父母安全锁的房门。

▶ 使用弹性木地板或防滑地毯，避免滑倒或坠落。

🔖 孩子 5 岁以下不要使用半高床，8 岁以下不要使用高架床，以防坠落。

🔖 如果儿童房内有通往户外的窗户（尤其是二层以上），务必安装栅栏间隙小于头部 2/3 宽度的保护网，防盗又防坠。

🔖 排查儿童房孩子面部高度线的所有位置，确保没有固定凸出的坚硬物。

8 岁以下不要使用高架床（图片来源：抹小拉工作室）

🔖 排查折叠家具是否会夹住孩子的手，如门缝（可以购买专门的门缝防夹片）。

🔖 排查可能存在的较大密闭空间，以防孩子把自己关在里面，引起窒息。

🔖 排查房间里是否有和孩子头、手、手指尺寸相近的栅栏，以防被卡住，导致充血（严重时可能导致肌体坏死）。

🔖 柜子类重型家具一定要与墙面固定起来，并且不定期维护检修、加固活动家具的五金紧固件等，避免五金松脱，导致家具承力结构出现局部解体。

< 低危被动风险的预防措施 >

🔖 定期检查床底、柜子背后等处，避免真菌滋长（空气湿度大，易形成高度霉化，诱发过敏体质儿童的过敏性鼻炎，严重时会导致哮喘）。

▶ 检查地面是否有孩子玩耍掉落的图钉、乐高小块件和其他尖锐物品。

▶ 尽量选择亚克力材质的高品质镜面，儿童用的水杯、餐具避免使用玻璃和陶瓷制品。

▶ 如果有高硬度的碎片出现在地面，建议清扫儿童房时使用吸尘器，以减少小而硬的物品在地面上伤害孩子。

▶ 选择合适的家具，比如保证儿童衣柜里的挂衣杆是孩子站在地面就可以挂上去的，以避免跌落。

▶ 孩子还小时，减少搁板等没有围挡的墙面收纳家具，一来防止坠落，二来遇到地震这样的突发情况时，避免造成更大的伤害。

把孩子安全、健康地抚养成人，并非易事，而家长这些细碎又繁杂的学习和投入，孩子基本上是身在其间却毫不知情，他会觉得这些安全环境是理所当然的存在。

小贴士

孩子使用儿童房本身也是一个学习和探索的过程。"让孩子安全地去探险新世界"是很多发达国家的育儿观，既不严防死守，又不放纵自由，用严谨的方法和态度来打造一个安全的儿童房，是孩子走向更大世界的第一步。

让孩子安全地去探险新世界（图片来源：李太太俩孩子妈）

生物

最好的倾听者

本节重点：为儿童房引入"人类以外的生物"，让孩子从心灵上认知更深刻的世界。

在孩子的世界里，每个生命都有灵魂、会思考、有自己的故事，它们像身边的亲人一样能够与其对话。特别是对于尚不能完全分辨梦境和现实的孩子，那就是自己看到、听到的世界。家长应珍惜这一段短暂的时光，因为孩子 10 岁以后这些美好的体现就会快速消失，直到最后变成一生的兴趣，或者被遗忘。

本节的主要内容是为儿童房引入"人类以外的生物"，让孩子从心灵上认知更深刻的世界。我们希望邀请的生物有以下两种：

1 植物

＜静态植物＞

植物除了能净化空气，还能调节心情，毕竟它们是和人类在同一屋檐下生活的鲜活生命。你精心照顾它，它就健康茂盛；你忽视疏离它，它就黯淡败落。

< 动态植物 >

有些植物会更具动感，孩子很喜欢和它们"互动"，如含羞草、猪笼草、跳舞草等。如果有向南日照的阳台，还可以种植向日葵。

< 成长型植物 >

一些速生速败的植物可以在短时间内帮助孩子了解完整的生命周期，如猫草、豆芽等。

< 给人带来惊喜的植物 >

一些开花植物，白天、夜间的花开花闭，时间过往的花开花谢，都能让孩子体会到时间和生命的意义。

< "存在即美"的植物 >

孩子放学回家路上捡的野雏菊，外出游玩回来摘的狗尾巴草，这些在大人看来毫无价值的东西，却是孩子眼里最美的存在。

以上种种，都值得在儿童房内占有一席之地。不论儿童房建设得多么完备，都是人力所为；自然之物的介入则是"一花一世界"，在更高层面上拓展了孩子的眼界。因此在为儿童房进行空间设计和软装布置时，家长要为植物留出一定空间，包括地面、墙面和桌面空间。如果窗前与户外连接的空间有余位，则会更好，大多数植物配置空间均应防水。

❷ 动物

动物进入家庭大致分三种：常规宠物、非常规宠物和动物探索实验。

< 常规宠物 >

指无需特定环境的宠物，如猫、狗。这类动物的智商比较高，会和人进行行为互动，最适合成为孩子的伴侣。如果从动物幼年时就开始饲养，动物和人之间会产生奇妙的情感，这种相互之间的信任能大大降低孩子遇到挫折时的沮丧与焦虑感，更能塑造孩子友善的性格。

常规宠物会成为孩子成长的伴侣（图片来源：博主 @ 杨喵菲 - 米娘）

因此建议家长在儿童房里预留常规宠物可以共生的环境，如无需太小心维护的地面、织物，可以和宠物共处的休息空间等。为了让孩子更好地与小动物建立友好的关系，家长还可以做更多准备工作，比如：

● 给孩子分配固定的饲养工作，如喂食、清理宠物厕所或陪伴。

● 和孩子一起训练宠物基本的行为习惯，如基本口令（禁止、归位、停留等）。

● 及时给宠物进行疫苗注射和寄生虫驱虫（不建议宠物和孩子一起睡，因为有些人畜共生寄生虫很难驱虫，会有传染的可能，如弓形虫）。

＜非常规宠物＞

指需要特定环境的宠物，包括鸟类、爬行动物（乌龟、蜥蜴等）、鱼类和昆虫类动物。非常规宠物的饲养需要更专业的知识，建议家长和孩子一起完成日常的饲养工作（以家长为主），饲养这类动物有助于孩子从不同的视角来观察身边的世界。

如果孩子喜欢猫、狗一类的小动物，建议家长选择半高床（图片来源：日作设计）

＜动物探索实验＞

动物探索实验的范围比较广泛，对孩子来说，一般指家长辅导的蚁穴模型、毛虫蝶化等情况，或纯粹是孩子捕获来饲养、观察的动物，如蚱蜢、蟋蟀、萤火虫等。遇到这种情况，大原则是实验完成之后、动物没死之前，应放归自然；如果不小心"折腾"死了，要学会感恩生命、敬畏自然。事实上，我们小时候也都是通过这样一次一次的好奇，才建立起和自然界的联系的。

小贴士

----

1. 如果孩子喜欢小猫、小狗等常规宠物，建议家长选择半高床，因为有 1 m 高的架空，小动物既可以陪孩子睡觉，也不会爬上床影响其正常睡眠。

2. 很多植物买回来时多多少少会带来其他生物，如小昆虫。家长不必太在意，可以理解为那是一个独立的小生物，并准备好方便移动的花器，随时迎接自然世界的小主人。

真实小故事

罗列一下我小时候往家里带过的动物：青蛙、螃蟹、乌龟、刺猬、蜈蚣、蝎子、小龙虾、泥鳅、金龟子、蝉、各种蝴蝶、毛毛虫、山蚂蚁、放屁虫、螳螂、蜻蜓、蚱蜢、蟋蟀、蝗虫、天牛、瓢虫、蚜虫、蜜蜂、马蜂、麻雀、鹦鹉、兔子、蜗牛、河虾、各种小鱼、蝙蝠、萤火虫、壁虎、小狗、小猫、蜘蛛……

大部分女孩都喜欢粉红色？

本节重点：多数父母对色彩的理解，是对孩子最大的误解。

关于儿童房色彩的三大问题：

● 孩子喜欢什么颜色？

● 儿童房适合什么颜色？

● 什么样的东西应该有颜色？

关于这三个问题的答案不计其数，大多专家给出的答案都可以说是"正确"的，
但在日常生活中，"正确但无用"的答案却很多。

1 孩子喜欢什么颜色？

紫色？
粉红？
黄？

这个问题的前提是"几岁的孩子"。在色彩心理学领域，大多
数统计数据都来自成年人的色彩喜好，因为成年人能够自主、
真实地表达自己的想法，但儿童是特殊人群，尤其是 3 ~ 12
岁的孩子。儿童视觉感官的生理发育和对色彩的认知是与个体

成长同步进行的，且受社会环境和家庭的影响较大，每隔一两年孩子都可能会对所谓"喜欢的颜色"产生变化。因此，不能抛开时间来谈孩子对色彩的喜好。

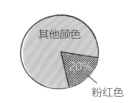

另外，"孩子喜欢什么颜色"这个问题还受到舆论认知的影响，例如，"小女孩喜欢什么颜色"，很多人会下意识地觉得"大多数小女孩都喜欢粉红色"，而据统计，3~5岁学前儿童偏好粉红的概率大概只有23.3%[※]。这个受到广告传媒长期影响的认知，直接影响了大部分人的色彩认知。很多家长装修时会把自己认为"孩子喜欢什么颜色"作为室内色彩应用的标准，但很容易被孩子快速厌倦。

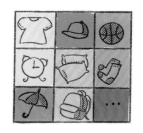

❷ 儿童房适合什么颜色？

这个问题和第一个问题"孩子喜欢什么颜色"有关，儿童室内空间汇集着时间和空间的双重变量，如果说有助于心理建设的色彩很重要的话，那么我认为塑造儿童个性的色彩更重要，毕竟前者是辅助的，后者是核心的。因此儿童房的色彩搭配应选择"孩子喜欢的颜色"，但孩子对色彩的喜好是不断变化的，他选择任何一种颜色作为环境色彩都是短期的。如果经济允许、时间足够，家长可以根据孩子的变化随时改变儿童房内的色彩，但这对于普通家庭来说并不现实。

※ 参考杨淑丽《4~6岁幼儿颜色偏好的实验研究》。

❸ 什么样的东西应该有颜色？

儿童房配色最大的误区是抛开孩子的自我
需求，只考虑时尚流行元素或者基于成人
的色彩心理需求。实验数据显示，4 岁的
孩子对环境色彩并没有主导意愿，5 岁左
右开始有意识地参与，6 岁的孩子超过一
半不会认可固定的环境色彩（如白色），
并且愿意接受环境 ※。更倾向于内心偏爱
的色彩，或希望去尝试的方向。

通过软装点缀空间色彩（图片来源：武
汉 C-IDEAS 陈放设计）

背景色以浅色系为主（图片来源：网络）

这个选择和孩子平时自主选择的物
品色彩偏好具有较大的差异，后者
受社交和流行元素的影响。环境色
彩是探索孩子内心的一把钥匙，是
家长了解孩子的工具，因此建议把
儿童房的色彩应用分成两部分：背
景色和前景色。

< 背景色 >

指环境色彩，包括墙面、地面、大
件家具等共同组成空间背景的颜色，

※ 参考张天怡、邹晓燕《3 ～ 5 岁幼儿颜色命名与偏好研究》。

这些区域和物品就像一块画板，自身并不需要展示丰富的色彩；相反，色彩过于鲜艳会限制其他日常生活中色彩的灵活应用。因此建议选择浅色和原木色作为儿童房的背景色。

＜前景色＞

指可以阶段更换或逐渐会添置的物品，如床品、地毯、窗帘、抱枕等，这些物品是孩子可以自主选择的，并且可能影响孩子的情绪。家长可以根据孩子的喜好随时调整，让孩子用自己的感觉来为儿童房配色。

综合运用背景色和前景色，再根据孩子成长过程的变化，逐渐让孩子对儿童房进行"色彩管理"，这才是对孩子优质的色彩教育，而不只停留在"好不好看"的装修层面。

让孩子对儿童房进行"色彩管理"才是优质的色彩教育课（图片来源：张成室内设计）

小贴士

----

1. 色彩认知比文字认知更容易理解，因此可以在儿童房用色彩结合文字来区分不同的功能分区，或者是分类收纳。

草绿色背景墙带出活泼氛围（图片来源：重庆 DE 设计）

2. 孩子 2 岁以前，家长可以让其多接触饱和度比较高的颜色；6 岁以后，可以用同一个颜色的不同色阶或混合色彩来区分。这样既能让孩子接触到更丰富、更细腻的色彩，提高色彩认知能力，又方便空间管理。

真实小故事

女儿从小就喜欢粉红色，7 岁的一个晚上她郑重其事地对我们说："我喜欢紫色，不喜欢大家都喜欢的粉红色了！"（她说的"大家"是指班里几个比较活跃的女同学）。后来，持续几年，她对紫色始终保持好感。

声音

吸收与传递，都需要

本节重点：什么是适度的背景噪声？

声音是与视觉同等重要的感知信息，也是最能调动人类情绪的环境影响因素。对儿童来说，声音的重要性不言而喻，很多家庭在装修伊始就做好了房间的基础隔声，而日常的声音环境则需要软装的配合。在进行软装设计前，我们先来了解一下儿童分房前后会遇到的一些常见状况：

孩子："为什么我叫妈妈，妈妈总不理我？"

在两堵墙和一扇门隔断以后，做饭中的妈妈根本听不到孩子的叫声。在分房前的所有时间里，孩子都在长辈的视线范围内，因此应声作答对孩子来说是理所当然的。分房后，父母会不在孩子身边，但孩子不会主动意识到这些变化带来的影响，为此而产生的不理解与困惑会持续好几年。

除了听不到，还有听得太清楚：

孩子："外面那么吵，我怎么看书啊？"

客厅里，妈妈打电话小声问老师："孩子今天考试考得怎么样？"

10 m 外的儿童房，"不用问了，考得很好啦……"大多数孩子的听觉比成人要更敏感，在没有阻碍的情况下，声音的干扰对孩子的影响也更大。因此儿童房和外界的声音交流非常重要。孩子能听到房间外的声音，但不会听到具体内容，就是最佳的收听状态，也称为最佳的背景噪声。家长既要保证孩子在学习和休息时不受噪声干扰，还要时刻感知孩子在房间内的动态，是自带矛盾的双重需求。

一些建议

< 减少房间内高频声音的吸收 >

孩子的声音频率比较高，如果要实现房间内外的沟通，应当减少房间内高频声音的吸收。如果没有乐器练习的需求，儿童房的布置宜简洁，避免使用大面积的地毯与厚重的窗帘，家具的类型也不用太多，集中式封闭收纳会更好。这样孩子在呼唤家人时，声音会尽可能多地传到室外。

儿童房　厨房　卫生间　餐厅

主卧　客房　客厅

< 父母房与儿童房相邻 >

如果父母房与儿童房相邻，那么，父母听到孩子呼唤的可能性就会大大增加，响应的速度也可以更快。对于大童来说，这样做的必要性似乎不大，但对于刚分房的孩子而言，及时响应会让孩子保有良好的安全感。

< 儿童房应远离客厅 >

儿童房最好设置在远离客厅的深处房间，同时选择静音房门，并在周边缝隙贴上隔声门档条，以减少声波的衍生效果和复合中空房门的声音共振。

儿童房的布置以简洁为主，以减少房间内高频声音的吸收（图片来源：一兜糖家居屋主楼小姐）

＜在客厅安装消声装置＞

在客厅可以设置一定面积的消声装置，如消声板、书架墙、较厚的窗帘、挂毯、地毯等，以减少高频、高穿透力声音的传播。

而对于低音，主要来源于音响设备（通过振动传播）。因此在孩子学习时，家人应尽量少看电视、听音乐。综合以上做法，让孩子能感受到适度的声音信息交流，达到声音控制的目的。

- 确保儿童房的声源输出。
- 减少儿童房的声源输入。
- 不完全隔绝声音的传递。

儿童房 1（图片来源：常州鸿鹄设计）　　儿童房 2（图片来源：合肥 1890 设计）

小贴士

----

1. 父母批评孩子时，尖锐的声音会让环境更加不舒适，更容易激化情绪。如果选择在高频消声环境中进行批评教育，孩子的生理反感会减少很多，教育效果也更好。（不过，最好的方式还是父母控制情绪）

2. 对成年人来说，一副耳机就能解决背景噪声问题，但儿童长期戴耳机会影响听力，因此在环境上下功夫更可行。

3. 很多人会把吸声板和隔声板搞混，大部分吸声板只能抵消、吸收声波，做不到完全的隔声；而隔声板可以隔绝声音，但不能吸收声音，所以这两种材质经常被组合使用，来进行声学环境的塑造。

真实小故事

　　"为什么自己觉得很大声，但是妈妈却总是听不到"的苦恼，女儿一直纠结到 8 岁。通过做实验她才明白问题的"表象"，但依然不理解其中的深奥原理，只能等到她长大学习物理知识时才能深刻理解了。

第**5**章

和孩子一起成长

 规则
是孩子的，更是家长的

本节重点：好规则让无形的空间变成有形的权利。

儿童房是父母给孩子的 "礼物"，一个可以和孩子一起成长的礼物。在这个空间里，孩子将会学习到人生最重要的独立课——自主、自律、保护自己、尊重他人、接受有边界的自由独立。

可以说，儿童房是一个空间实验室，实验室里有两方实验员，一方是孩子，另一方是家长；双方共同使用，在实践中发掘孩子的性格特点。因此，制定共同的空间使用规则十分必要，当然，规则应该简单、直接，能让孩子容易理解和记住，最终养成行为习惯。

1 必须禁止的危险行为

▶ 必须在父母的指导陪同下使用火、电和刀具，不能独自使用。

▶ 不能在房间里攀爬家具，也不能从家具上直接往下跳。

▶ 不能站在可移动的物体上。

▶ 不能手上拿着东西奔跑。

▶ 不能爬到窗户上。

▶ 不能把绳子、塑料袋套进脖子里。

❷和家人共处的规则

儿童房和其他房间一样是私人空间，未经孩子允许，家长不能随便进入（危险情况除外）。除了私人空间，剩下的就是一家人的公共空间，公共空间则需要更多的规则，以兼顾其他家庭成员。

▶ 在客厅、阳台、厨房等公共空间中，如果自己的行为可能影响别人，要提前知会他人。如果别人在意，就去自己的私人空间进行（发出很大的声音、影响别人走路、挡住别人的视线、打断别人正在做的事，都属于影响别人的行为）。

▶ 如果有事情要和家人说，应走到对方面前，不能在原地或房间里喊叫，这既是对别人的尊重，也能确保对方听见。

▶ 确定是自己无法解决的问题，再找父母帮忙。

3 孩子经营儿童房的规则

（1）居住空间只有两个基本要求，空间的主人必须予以维护，否则就是不称职。

▶ 整洁——整洁的环境会让人心情愉悦，减少找不到东西的烦恼，可以通过定期收纳来实现。

▶ 卫生——干净的环境可以让人远离疾病，可以通过减少食物带入和及时清洁来实现。

整洁、卫生的儿童房让人心情愉悦（图片来源：梵之设计）

（2）不做被禁止的危险行为。

（3）遵守和家人共处的规则。

具体执行过程中还有很多详细的规则，但每个孩子都是不同的个体，这里只能举一些最基本的"家庭独立生活规则"。就像用之于社会的法律规则——"法无不准即可行"，剩下的就是孩子们安全的"探险之旅"。建立规则本身是相互尊重的表现，这只是一个开始，规则之下的成长之路是父母和孩子共同摸索出来的，家家不同。

小贴士

规则都是双向的。很多时候，首先不遵守规则的是家长。家长一定要记住，自己是孩子心目中的榜样。家长最容易不守规则的情况有：

● 忘记对孩子的承诺。

● 轻易放弃对孩子的要求。

● 朝令夕改。

真实小故事

女儿小时候饭量比较小，却喜欢吃蛋糕。为了保证她能吃饱，刚分房的时候，我们默许她可以把蛋糕带进自己的房间里吃。有一天晚上，她惊叫着找到我们，原来床上有蟑螂在爬，吓得她不敢回去睡觉。我很惭愧，给她讲了"蟑螂觅食"的原理。从此以后，女儿再也不敢在床上吃东西了，我也不再往她房间送好吃的了。

基础朴素

一年一变的孩子们

本节重点：朴素是一种具有深远意义的空间风格，很适合儿童的成长。

朴素是"艰苦、节俭、简单"的代名词，但从设计的角度来看，朴素是尊重与应用事物本质的行为和表现，不增加不必要的附庸，避免脱离本质的变化。一个空间无论怎样设计，都应从空间原有的形态演化而来，并融合居住者的需求和空间特质。

和孩子一起建设儿童房，让孩子从了解空间开始，与父母共建自己的领地，就是一种朴素思维。不建议家长建设一个成品儿童房，像礼物一样送给孩子。孩子看到的房间不是一个真正的空间，而是由各种家具组成的二维空间、一个固化的功能区，他会先入为主地认为儿童房就应该是这样，从而失去一次重要的创造机会。

"朴素"的做法是：引入宜居空间该有的光、

朴素的儿童房（图片来源：青岚设计）

风和植物，在环境上下足功夫，并和孩子一起规划、建设儿童房，"介入不干预，协作不代劳，建议不做主"。从尊重孩子开始，调整家长的主观审美和意志，让孩子的本质需求与空间的本质环境自然结合。因为从 5 ~ 6 岁分房到 12 岁，长达六七年的时间里，孩子的需求可能一年一变。

1 对空间而言

在整个过程中，孩子会不断提出自己的看法，也会与空间限制产生冲突。有些时候，孩子会积极地想办法去解决问题（如喜欢画画，画具会占据玩具的空间，必须进行取舍）。有些孩子则会随处乱放，不太讲究空间的规划。这是孩子不同性格的表现，顺其自然就好。好习惯是需要实践和时间培养的，家长应鼓励孩子进行空间再造，并传授一些空间规划与整理的基本常识，孩子入门后就可以按照基本的整理逻辑对空间进行调整。

家长应鼓励孩子进行空间再造（图片来源：网络）

2 对室内软装布置而言

原则上，家长不需要干预，但可以给孩子"更放心的建议"，比如：

● 什么样的贴纸可以不留下难看的胶痕。

● 什么样的笔写画更容易擦掉。

● 什么样的墙面可以钻孔、挂钩。

● 如何让衣服既好看又整齐。

这些帮助会让孩子觉得"一切皆有可能"之后，得到"凡事可以更好"的支持。

除了直接介入，看着孩子在不停地折腾自己的小空间中慢慢长大，作为父母可能会发现"虽然孩子是自己生的，但真的还不一样啊"……或许还能在空间里发现孩子有规律的特点，以及学校里最新的"热点"，作为和孩子沟通的话题，让父母的"专业能力"得以提升。

小贴士

----

1. 朴素不仅是一种风格，更是东方文化的审美内核。对孩子来说，这值得从小浸润，因为朴素之美是倡导人们探索世界的本质、了解自己内心的一种世界观，对心智的培养具有正面意义。

2. 将儿童房做成一个模型（无论是在电脑还是纸板上），以加深孩子的空间认知。在模型上标出基础元素，这样孩子就知道自己可以在哪些地方动手；当然，也可以在房间里直接用粉笔或贴纸画线解释。

勇气与决心

给我们这样的父母

本节重点：儿童房建设是一场旷日持久的技术挑战赛，但回报是家长会成为孩子一生的朋友。

成长难免有创伤，这句话既是给孩子的，也是给家长的。孩子以独立的思想和意志与父母对话时，要改变的首先是父母。这是非常困难的事情，因为家长要为孩子的未来做准备，就必须从头开始学习。

- 学习心理学，知道情绪是理性的敌人，而理性是教育的朋友。

- 学习设计，因为设计规律并非在你的个人经验里。

- 略懂医学，了解孩子的身心需求是与成长发育同步进行的。

- 略懂美学，子女最初的审美是从你身上获得的。

- 有原则地实施教育，并确保这些原则不是一时兴起。

- 给予无条件的爱，不论孩子表现怎样，无条件的爱都是其信心的来源。

- 留出个人时间，与孩子相处。

以上内容很多是你从未接触过的领域，父母需要重新体会做学生、做新人的挫折状态，这绝对是一份需要巨大决心的工作。再好的心理准备也需要良好的执行环境，儿童房是孩子成长最重要的培养基地。下面提供一些儿童房建设的应用常识和工具参考，帮助家长在技术门槛上少走一些弯路。

1 空间设计

< 网上参考图 >

大多数网络图片都是渲染出来的效果图，建议仅参考其功能。如果只是因为漂亮，想拿来做参考，可以先问一下孩子，并思考参考图里的"漂亮"是否方便日后更新（对孩子来说，再漂亮的东西很快也会被淘汰）。

< 软件 >

有强大 DIY 精神的家长可以直接用软件来辅助设计，如 sketchup、圆方、三维家、酷家乐。很多单机或在线云设计软件都可以辅助空间设计，也可以使用三维类的设计工具和家居商品模型。

<5 mm 网点 / 网格本 >

如果不会使用设计软件，5 mm 为一格的 A4 本子可以让你在规划儿童房时更加快捷，有耐心做更多尝试。国内儿童房的平均面积是 8.5 m^2，你可以将每一格设

定为实际空间的 10 cm，在纸面上画出足够细致的平面图。

＜ 正确的空间量尺 ＞

除了房间内的地面尺寸，还需记录以下内容，以免重复劳动：
门、窗所在的位置，门框、窗框的宽度（框的边缘一般占
10 cm），窗户的高度（如果有飘窗，还需要记录飘窗的高度、
宽度和深度），开关、插座的位置和高度，空调、壁灯、吊
灯之类固定物的位置。

＜ 量尺工具 ＞

选择 5 m 的量尺，最好正反面都有数值。

② 装卸家具

家长比较熟悉的五金名词有：钉子、螺丝钉、螺母、垫片。如果不了解家具、装
修领域的术语，如螺丝、螺杆、螺母、内外牙螺母、垫片、弹簧垫片、内六角、
外六角、沉孔、批头、套筒、膨胀管等，和店家沟通时可能会遇到困难。

＜ 安全要领 ＞

● 说明书上要求必须双人安装的产品，一定要两个
人，勉强上阵，出了问题厂家不会承担责任。

● 只要登高，就需要两个人同时在场。

● 安装大型家具时，孩子不能在旁边。

< 一把 12 V 锂电池的轻型电动螺丝枪 >

告别手动螺丝刀和家具产品附赠的简易工具（那些工具只能辅助最后的紧固强化和偶尔的上下螺丝任务），随枪购买"一"字和"十"字形螺丝批头。

< 一套 3 ~ 10 mm 直径的内六角批头和木工三尖钻头 >

大多数儿童家具的固定五金会使用内六角螺杆，内六角孔径通常为 8 mm、6 mm、3 mm 等。儿童家具通常为实木制品，通过开孔来埋钉、修复、增加功能的情况很常见。木工钻头的中心有定位钻尖，可以减少钻头移位，操作更安全，开孔效果更美观。

< 一把橡胶锤 >

橡胶锤是专门用于安装家具，或将其他易损物品组合、固定起来。

< 羊角钢锤 >

除了敲击钉子，羊角钢锤还可以作为撬棍，拆除打了木架的家具外包装木架。

< 平头老虎钳和带回弹功能的尖嘴钳 >

前者是家居必备，后者在单手作业时比较省力。

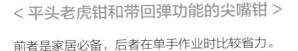

<高质量的短杆"十"字和"一"字形螺丝刀>

金属杆部分小于 5 cm，除了便于用力以外，如果儿童房空间有限，可以在更狭小的离墙间距内完成组装（这种情况下，电动工具通常派不上用场）。

<AB 强力胶水>

如果家具内部原本固定的五金件脱落，AB 强力胶水可以让五金件重新固定到原来的位置，并且具有一定的强度，支持正常使用。

3 墙面、家具、地板表面，以及其他表面装饰

理论上讲，一颗直径 4 mm 的不锈钢螺丝钉，结合膨胀管入墙 20 mm 深，可以悬挂 10 kg 以上的重物，但实际的承重范围有较大的误差。因为普通墙面，砂浆、泥子、油漆都是不受力的，每个家庭砖墙的外层厚度不尽相同，如果螺丝上墙悬挂重物，一定要深入砖墙或混凝土层。

<3M 无痕胶>

适合轻量（掉下来不会砸伤人）的悬挂物品，如画框、纸旗等，尤其适合节假日的房间布置。

＜可移除式贴纸＞

贴纸孩子都喜欢，喜新厌旧也很正常，但移除时很容易污损墙面。可移除式的贴纸可以解决这个问题。

＜透明静电贴背景＞

充分利用窗户和镜面，作为可以快速更换的展示区。

＜美纹纸、双面胶带、透明胶带＞

既是孩子手工劳作的工具，也是装饰房间的粘贴耗材。避免使用海绵胶，海绵胶只适用于一次性固定，而且强度不稳定，难以清理。

4 照明用品

儿童房的照明设备分三种：主光源、工作光源和特殊功能性光源。家长需要了解一些常见的知识，才能科学选购，如：

● 什么是色温？

色温是表示光线中包含颜色成分的一个计量单位，会对人的情绪产生影响。

● 什么是照度？

照度以光所照射的物体表面为基准，与用眼的疲劳度有关。

● 什么是功率?

灯具外包装上标示的瓦数。

＜LED 灯的世界＞

由于儿童房空间较小，东西较多，基本上全部可以使用 LED
灯具，既安全又无频闪。

＜LED 灯的分类＞

灯泡：通常用于顶灯、壁灯之类可更换的灯具。

灯板：通常用于学习灯之类较少更换的灯具。

灯带：通常用于衣柜、床底和装饰类的照明需求。

整装灯：通常用于小夜灯等无法更换的灯具。

＜LED 灯的 DIY 属性＞

大多数 LED 灯带都是弱电灯体，是塑造光环境的理想设备，
爱动手的家庭千万不要错过。

小贴士

----

1. "工欲善其事，必先利其器。"掌握正确的生活常识、配备高质量的装修工具，可以避免耗费大量的时间和精力。

2. 以前的白炽灯，后来的节能灯，现在的 LED 灯，三者是怎么换算的？例如，21 W 的 LED 球泡灯相当于 160 W 的白炽灯、40 W 的节能灯。（对儿童房来说，不能只看灯的功率大小，还要通过光照度计来测定不同区域。只有满足用眼健康所需的标准亮度，才是合适的光源）

真实小故事

27 岁时，我第一次自己组装家具，不知道有橡胶锤这种专业工具，而是在羊角锤上包了厚厚的布来安装柜子板面，由于柜子板面是夹板空心的，结果被我打穿了一个洞。在汗水和蚊子的包围下，我度过了一个非常沮丧的傍晚。

让孩子走出儿童房

本节重点：空间因为人的成长而改变，这是儿童房和成人居住空间的最大区别。

把儿童房打造成独立生活的"安全的探险区"，仅满足了孩子分房 1 ～ 2 年习惯养成的需求。对于 8 岁以上的孩子，儿童房不只是一本"生活的立体教科书"，而是探索外面世界的基地，这个基地会成为他的"兵工厂""创作室"，以及一个个成果的"里程碑陈列室"。

父母需要再一次改变角色，为儿童房增加孩子所需的功能组件，给孩子足够大的自由和尊重。在这个过程中，亲子关系将更加平等，从孩子接受父母的关爱过渡到双方共同创造，孩子不仅能解决更专业的问题，也能感受到父母的帮助，从而逐渐了解真实的社会。

例如，孩子参加了生物兴趣小组，开始对生活中的化学现象产生兴趣。在他的认知里没有专业设备和方法概念，但已设定了目标，如叶绿素的提取，这些在学校兴趣小组里偶尔操作的实验，也可以在家里进行模拟。父母可以针对儿童房的具体情况，和孩子一起实施操作。

🏴 确定规则，遵守学校兴趣班的安全要求。

🏴 涉及火的使用，父母必须在场。

🏴 让孩子提出想要的工具(如试管)，父母添置自己知道的专业设备(如小型离心机)。

🏴 调整儿童房的布局，包括收纳区、学习区等，为实验区提供空间。

🏴 一起购买工具，一起拆包组装，一起布置（ 父母是配角，鼓励孩子做主力)。

🏴 在功能上，儿童房从传统的学习与休息空间变成了实验室。这个实验室今天也许是生物兴趣，下次可能是户外徒步，再下次可能是泥塑……

不同兴趣对空间的改造要求大不相同，一般来说分两种：

● 以室内为主体。

如物理实验室、化学实验室、绘画、机械组装、小型木工等，这类空间改造的重点在于操作空间的合理性和工具设备的专业收纳。

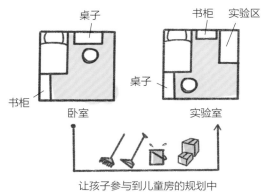

让孩子参与到儿童房的规划中

● 以室外为主体。

如运动、标本采集、舞蹈等，这类空间改造的重点在于器具的收纳以及过程、成果的展示陈列。

不论哪个兴趣领域，一旦和外界发生联系，就会产生同龄人的竞争，如何让孩子平衡竞争意识和"为自己而成长"心态之间的关系，需要长时间的历练。这时，父母的角色将从养育的亲人变成一起探索未知、迎接挑战的朋友，孩子探索外部世界时，为儿童房留出一个展示探索历程的空间，例如，第一次参加游泳比赛的照片，提取叶绿素时顺便做的树叶书签，参加户外训练营的结业证书等。这些在成人世界里不足一提的小成长，却是孩子心目中的里程碑，当孩子遇到挫折时，这些小成果可以帮助孩子重拾信心。

真实小故事

女儿喜欢搜集各种野外的小东西，比如各种石头。她除了会陈列在自己的书架上，还会延伸到客厅书架上，有时我们还会在上面写上从哪里、什么时候采集回来的。这样，每一块石头都会成为一个立体的时间坐标，让孩子产生下一次出去采集的愿望。

附录
孩子分房，妈妈100问

儿童分房

1. 应该几岁让孩子一个人睡？

Ⓐ：建议5岁以后，8岁以前。

2. 美剧里的孩子从婴儿时就开始分房，我们可以学习吗？

Ⓐ：不建议。两个国家环境差异比较大，国外的环境和产品基础安全未必适合中国孩子。另外，3岁前孩子生病的情况可能比较多，对安全感要求比较高。

3. 孩子不愿意分房，分房后没有安全感，如何让他有安全感？

Ⓐ：首先，要在合适的年龄进行分房，3岁以前不建议分房，因为孩子的安全感尚不足。4岁也不太建议，因为这个阶段儿童的泌尿系统还未发育完全，无论尿床还是半夜急尿独立上厕所，都会影响孩子的安全感形成。5~6岁是比较适宜分房的年龄，这时期的

孩子基本可以独立自理，自信心也会强大很多。

其次，分房是个长期过程，有时会长达1年，期间要接受孩子和父母一起睡。

另外，确保孩子在黑夜中起床时有柔和的光源。

4. 孩子婴儿期，为了方便照顾，可以和父母睡一张床吗？

Ⓐ：不仅不安全，而且很危险，婴儿和父母一起睡被挤压窒息致死的案例不鲜见。

5. 孩子分房后，晚上喜欢踢被子怎么办？

Ⓐ：只要不着凉就没事，主要是控制好房间的温度。

6. 孩子分房以后老是害怕怪物怎么办？

Ⓐ：和孩子一起分享关于怪物的故

事，并创造不同情节嘲笑怪物。除了和孩子一起共情外，提供足够的光源支持，如安装红外感应的床底灯带等，也有助于孩子建立自信。

7. 孩子分房以后总是跑来大人房间怎么办？

Ⓐ：坚持分房的原则，然后这次先一起睡，通过多次奖励、偶尔拒绝的方式循序渐进。

8. 孩子老是尿床怎么办？

Ⓐ：怕洗床单、床垫的话，就使用纸尿裤。尿床是生理现象，应静静等待它的自然消失，避免让孩子觉得这是羞耻的事情。

9. 是不是越早分房，越容易培养孩子的独立性？

Ⓐ：不是，要在独立意识产生之后分房，这样才能快速培养孩子的独立能力。

10. 孩子现在跟姥姥一起睡，几岁分开睡比较合适？

Ⓐ：建议立即分床，因为到目前为止没有医学证据建议孩子要和成年人一起睡；反而有因为一起睡导致婴幼儿窒息的案例。分房年龄建议不要超过 8 岁，因为这时孩子的性别认知和独立需求已经形成，为了避免形成依赖感和性别认知障碍，建议及早分房。

儿童房装修

11. 儿童房应该使用什么地板？

Ⓐ：从环保角度来说，实木地板应是首选。

12. 儿童房应该选用什么墙面涂料才更安全？

Ⓐ：符合国标标准的室内墙面涂料都可以。

13. 孩子在上电子琴班，练琴会被邻居投诉，怎么办？

Ⓐ：只要给房间安装隔声毡、吸声棉就可以，但需要找专业的装修队来安装。家长可以加厚窗帘、铺装地毯。最麻烦的是架子鼓，主要工作是建立良好的邻里关系，因为敲击架子鼓会产生振动，普通家庭很难做到完全隔声。

14. 儿童房墙面刷什么颜色的乳胶漆比较合适？

A：建议浅色漆，朝阳的房间可以选择冷色调，朝阴可以选择暖色调。具体选择什么颜色，孩子4岁前由家长来定；6岁以上可以参考孩子的建议，但一定是浅色的，可以通过窗帘、地毯、贴纸来增加室内色彩。

15. 儿童房应该怎么设计出孩子喜欢的风格？

A：孩子喜欢的东西非常多变，建议基础硬装和家具风格应尽量简单、朴素，以支持孩子的多元可能性。支持的方式有很多，比如和孩子一起策划主题，一起采购软装饰品；也可以鼓励孩子先提供基本的兴趣元素，父母在此基础上进行添加，或事先和孩子约定哪些地方是可以自由创作的（如床、窗帘、帐篷、墙面等），并且通过自己打分和爸爸妈妈打分来获取奖励，引导孩子提高审美意识。

16. 儿童房装修一般费用为多少？

A：硬装花费在2万元左右，软装家具2万~3万元即可。

17. 需要找专业的儿童房设计师吗？

A：目前，国内儿童房还未成为一个专业空间，从商业角度来看，单价很低，少有专业的儿童房设计师。家长根据儿童需求进行基础功能性装修，再结合对孩子的深度观察，最后的设计成果未必比设计师设计的差。即便设计师再专业，也无法取代父母的作用。

18. 应该给儿童房装空调吗，怎么挑选？

A：静音，出风柔，带新风，同时搭配空气净化器和电扇。

19. 不确定孩子喜欢的颜色和喜好，怎么装修儿童房？

A：满足基础舒适性，为孩子创造尽可能多的活动空间；颜色尽量选浅色。

20. 儿童房的色彩怎么搭配？

A：自然材质选择原色，有颜色涂装的建议选浅色。儿童房为长期居住，不建议过于鲜艳。

21. 儿童房应该带卡通图案吗？

A：具象的图案建议应用在可以方便

移除的装饰物上，因为孩子的喜好随时会发生改变。

22. 孩子喜欢趴在地上玩，应该引导他用书桌椅吗?

Ⓐ: 不用。孩子身体长开以后，自然就会知道书桌椅对学习、写作业的便利性和舒适性。

23. 儿童房只有 8 m²，应该怎么布置?

Ⓐ: 8 m² 不算小，但建议集中安排家具，尽量把床、衣柜、收纳柜、书桌椅放在一起，交叉集约空间（4 ~ 5 m² 足够），剩下的空间作为可以调配的活动空间和兴趣空间。

24. 儿童房只有 4 m²，应该怎么布置?

Ⓐ: 可以考虑半高床和高架床，充分利用床底的立体空间。如果孩子不到 4 岁，建议把活动空间转移到客厅。

25. 儿童房有 14 m²，太空了，怕孩子没有安全感，怎么布置?

Ⓐ: 和孩子一起规划。首先，规划生活所需的睡眠、学习、收纳空间；其次，策划各种长期或临时性的主题空间，如阅读角、小舞台，沙盘区等，分块定义和利用空间。空间这么大，留下一个适合亲子共读或互动的空间，也很好。

儿童房安全

26. 如何防止孩子触电?

Ⓐ: 第一，做好教育，尝试用低功率的安全电击让孩子体验疼痛感；第二，做好插头、插座的防护；第三，和孩子约定好哪些电器需要家长来协助。

27. 如何防止孩子坠落跌伤?

Ⓐ: 儿童房里导致跌落的主要原因是攀爬桌椅、高架床和家具。因此桌子要选择具有良好承重的款式，椅子受力时不能滑动。子母床、高架床不建议 8 岁以下的孩子使用（离地高度均超过 1.4 m）。

28. 现在这么多孩子出现坠楼事故，怎么预防?

Ⓐ: 5 岁以下的孩子不能长时间独

处，且儿童房的房门建议不要上锁，以免阻碍施救；最重要的是安装防护网。家长可以教给孩子一些突发情况的正确处理方式，经常进行安全演练。

29. 儿童房选用什么柜子，如何防止孩子爬柜子被压到？

Ⓐ：儿童房应使用儿童专用的家具柜。孩子爬柜子很常见，要做好柜子和墙体的固定工作。

30. 儿童房可以用地毯吗，会不会不卫生？

Ⓐ：可以铺地毯，但要选择可以经常清洗的类型（清洗的频率保持一周一次）。

31. 儿童房地毯怎么进行清洁？

Ⓐ：根据地毯的材质，可以选择高压水枪（硬质）、洗衣机（软质），但需要清洁后晾晒干燥，否则会滋养寄生虫与霉菌。

32. 儿童床上用品多久要清洁一遍？

Ⓐ：每周。

33. 儿童床垫怎么选，什么材质更健康？

Ⓐ：不能太软、太厚，软质部分（如乳胶）控制在 10 cm 以内比较适宜。

34. 儿童床垫需要清洗吗？

Ⓐ：很难清洗，晾晒和臭氧消毒比较有效。

35. 椰棕床垫会不会有螨虫？

Ⓐ：这取决于品牌的产品工艺和质量，以及日常的清洁维护。

36. 应该让孩子在儿童房玩玩具吗，会不会弄脏床？

Ⓐ：不用太介意，上下床很麻烦，地板对孩子更有吸引力。

37. 松木家具的甲醛含量比其他实木要高吗？

Ⓐ：要具体对比哪种材质，就材质本身的自然含量而言，实木的甲醛含量差别不明显，达不到危险级别。

38. 如果儿童房甲醛超标怎么办？

Ⓐ：治理、隔离，必要的话清除甲醛超标的物品。很多时候治理甲醛是指治理可以短期内挥发的源头和空气含量。那些质量差的高甲醛含量的产品，

如家具、地板等，源头不清理，很难治本。

39. 板式家具放在儿童房安全吗？

Ⓐ：首先，看板材的属性和用途，如密度板是不能承重的，用于承重的家具则不安全。其次，看质量，在用途合适的前提下，胶水的含量、质量，以及封闭的工艺决定了化学物质释放的程度，主要表现为 TVOC 污染。

一般来说，良好的质量需要合理的成本支持，如果板材家具价格过于便宜，就要留意是否有问题。随着时间的推移，板式家具无论板材的结构还是胶水的释放会愈发严重，这和实木家具刚好相反。

40. 哪种材质是最安全、环保的，保证零甲醛？

Ⓐ：不存在零甲醛的家具材质。甲醛在自然界中普遍存在，只能说无人造含甲醛化工制品的材质。实木材质内部一般不含人造甲醛添加剂，外表涂装（包括水性漆）可能会有轻微甲醛，但因为暴露在外，能在短时间内（1～2 周）挥发干净。板式家具，尤其是颗粒板类，内部含有大量胶合剂，表层封边逐渐失效后，才是甲醛逐渐释放的阶段，周期比较长，可能会持续 1～3 年。

41. 除了甲醛污染，儿童房装修还应该注意什么问题？

Ⓐ：只要能挥发释放出来的都应注意。TVOC 综合指数比甲醛更重要，同时要避免尖锐的边角，注意地面的防滑缓冲。

42. 儿童房里可能存在哪些安全隐患，如何避免？

Ⓐ：空气污染——注意装修材料和家具材料的选购。

人身安全——注意窗、门的防护与防锁死。

产品应用——购买合适的家具，减少出现登高、滑脱、禁闭受困的可能。

43. 儿童房可以使用空气净化器吗，怎么选？

Ⓐ：在污染严重的城市，建议使用空气净化器。除了常规的空气净化器，可以使用水幕循环类仿生自然的生态空气净化器。

44. 儿童房应该经常开窗通风吗？

Ⓐ：必须经常开窗通风，如果有新风系统设备更好；如果没有，建议使用空气净化器。

45. 如何预防孩子鼻炎？

Ⓐ：保持儿童房清洁和通风，减少灰尘、螨虫、真菌等有害物质的停留和滋长。除此以外，室内温湿度也会有影响，湿度过大，真菌容易滋长；湿度过小，鼻腔黏膜容易受损，因此要注意调节室内温湿度。

46. 孩子有鼻炎，经常流鼻涕、咳嗽，儿童房是不是有污染物？

Ⓐ：不一定直接相关，但室内粉尘、毛絮、真菌等真实存在，会引发过敏体质孩子的过敏性鼻炎。

47. 孩子对棉制品过敏怎么办？

Ⓐ：那就不要使用棉制品。这是一个无法协调的问题，因为过敏之源无法治疗。

48. 儿童房里可以摆放绿植吗，摆放哪些绿植？

Ⓐ：建议摆放小型绿植，吊兰、芦荟、多肉植物都是不错的选择。绿植的种类很多，应谨慎选择养护复杂、可能会蓄水的、大量花粉、可能会刺伤，甚至含有毒素的植物。

儿童房收纳

49. 儿童房里应该考虑什么收纳柜子？

Ⓐ：衣柜、书柜、玩具柜、分类收纳柜、展示柜等。

50. 儿童衣柜怎么选，什么样的衣柜更适合孩子？

Ⓐ：高度与合理性是主要考虑因素，衣柜内部的间隔高度最好可以调节，方便孩子在不同年龄段自行整理与悬挂衣物。

51. 儿童玩具柜怎么选？

A：对中小童来说，收纳应为其带来便利，从而对收纳产生兴趣和依赖。因此根据孩子的身高（主要是坐姿和跪姿），选择可以直接可视或半开放性的收纳柜，方便孩子取放玩具。大型玩具选择宽口的玩具柜，小型玩具选择扁平的玩具柜。

52. 儿童书柜怎么选？

A：6 岁以下，以书架为主，封面朝外，激发阅读兴趣。6 岁以上，书柜会更实用，但考虑孩子的身高，建议前期下层柜体不要选装门的款式。

53. 孩子有很多乐高玩具，散装的、盒装的，怎么进行收纳？

A：乐高这类模块玩具有多种收纳形式：一种是即时玩耍的，带半封闭收纳的桌子是不错的选择。更深度的主题 / 分类模块，则需要大小不同的开放型收纳篮。如果有多套主题类乐高，可以使用各种扁平的大容量收纳盒，贴标签分类收纳。前三次收纳，家长可以全程和孩子一起进行，逐步培养孩子主动收纳的习惯。

54. 需要给孩子准备床头柜吗？

A：有的话会好些。睡前的书籍和安抚物都需要放置的空间，也可以打造一个小型书架。

55. 除了床、衣柜、书柜、书桌椅，儿童房还应该有什么家具？

A：多功能的凳子或架子，可以根据孩子的成长发育来切换不同的角色和功能。整理台、收纳凳可以帮助孩子树立整理房间的好习惯。分类收纳柜能够解决房间杂乱的问题，展示架 / 柜有助于孩子获得自信心和荣誉感。席地的家具和软垫，与地面接触是人最放松的姿态。

56. 什么时候开始给孩子用学习书桌？

A：小学开始。

57. 儿童书桌椅怎么选？

A：与孩子成长匹配的可调节书桌椅，椅子建议具备重力锁。双重重力锁的好处是当有重力产生时（手按下或者孩子坐上去），椅子的滚轮无法滑动，椅面无法转动。在调节高度的基础上，孩子的专注力会更容易集中。

58. 经常陪孩子写作业，学习书桌应该买多大的？

A：宽度在 100 cm 以上。

儿童床的选择

59. 怕孩子自己睡会掉下床，怎么办？

A：首先，儿童房使用木地板，其次，3 岁以下的幼童可以选用有护栏的床，并在床边铺设地毯。如果不放地毯，可以临时放置较长的靠枕。事实上，孩子不会经常掉下来，即便起初会偶尔掉床，但身体会逐渐适应床沿。安全起见，儿童床床板的高度超过 60 cm 时，应有护栏。

60. 婴儿床应该怎么选？

A：首先，考虑材质的环保性，能否让孩子直接啃咬，是否方便打理；使用过程中，材料是否滋养真菌、寄生虫。其次，考虑婴儿床的结构安全性，栅栏有足够的高度（防止孩子爬出床外），间距不能卡住婴儿的头、手、脚等；滑动或连接件不会夹到孩子。再次，考虑使用的便利性，如床高是否太高，

抱起睡觉的孩子时不便弯腰；和父母拼床的时候两床之间没有突起的槛。

61. 儿童床买多宽比较合适？

A：90 cm 宽能够满足舒适度，120 cm 宽会更加舒展。更宽的床基本不会有"更舒适"的体感，反而会让孩子缺少边界感。

62. 儿童床应该选什么材质？

A：首选环保的实木材质，如果预算有限，铁质儿童床也是不错的选择，并且不会有长期的有机化合物持续挥发释放。其次是胶合板和其他板材，是否环保主要取决于工艺质量。

63. 儿童床选什么床型比较好？

A：3 ~ 5 岁建议选矮床，5 ~ 8 岁建议选半高床，9 岁以上可以自由选择，包括高架床。

64. 儿童床是不是越大越好，越大越不容易掉床了？

A：不是。适度的边界会对睡姿和睡

眠质量有帮助，没有数据证明床越大越舒服，容不容易掉床和床的大小无关。

65. 儿童床买多大，可以一直用到孩子长大，以后不用换？

Ⓐ：可以参考单人床，德国单人床一般是 90 cm 宽，美国的常见宽度为 100 cm，日本标准单人床常见宽度为 110 cm；长度基本是 180～200 cm。

66. 给孩子买双层床、半高床、单人床，还是高架床好？

Ⓐ：双层床适合年龄较大的两个孩子，半高床适合 5 岁以上、喜欢有安全感或收纳需求较强的孩子；单人床适合年龄小或儿童房空间比较大的孩子；高架床适合房间空间不大或对活动空间需求大的大龄孩子。

儿童房照明

67. 儿童房的灯应该怎么选？

Ⓐ：首先是光源，建议选择 LED 灯。其次是光照强度，建议整体照度达到 200 lx 以上，阅读区域达到 300 lx 以上（换算成功率：顶灯 12 W 以上，阅读灯 4 W 以上）。

68. 儿童房应该布置什么灯光？

Ⓐ：儿童房应遵循混合布光原则，包括顶灯、桌面阅读灯、床头灯、衣柜灯、床底灯带和夜灯。

69. 孩子的阅读角怎么布置？

Ⓐ：光照强度在 300 lx 以上，优先保证用眼健康，营造沉浸式环境，并准备小型书架，方便拿取书籍；配备电源插座（12 V），方便以后电子类设备的加入。

儿童行为、习惯和兴趣的养成

70. 孩子不喜欢看书，怎么培养他的阅读兴趣？

Ⓐ：首先家长要多看书，最好全家一起看书。当孩子遇到问题和挫折时，家长推荐有帮助的书。在孩子常去的固定地点摆放书籍，或者布置一个固定的阅读角，从 2 岁开始培养孩子的阅读习惯。

71. 孩子注意力老是不集中，做什么都三分钟热度，怎么办？

Ⓐ：“三分钟热度”只是个形容，适用于孩子不同年龄段。针对非主动兴趣的事情，5 ~ 6 岁时，儿童注意力集中时间为 10 ~ 15 分钟；7 ~ 10 岁时，儿童注意力集中时间为 15 ~ 20 分钟；10 ~ 12 岁时，注意力集中时间为 25 ~ 30 分钟；12 岁以上能超过 30 分钟。只要在正常范围内，家长应根据孩子的生理情况来安排专注类工作任务量。

72. 孩子的东西老是乱放，怎么说都不听，怎么办？

Ⓐ：对物品进行分类、分级，如耐用品、消耗品、收藏品；确定哪些是可以随时丢弃的。和孩子一起制定家庭规则，什么情况下东西会被清理等，用行动代替语言。

73. 篮球、滑板那么脏，可以放在房间里吗？

Ⓐ：要求孩子养成养护自己物品的好习惯，清洁干净后，可以在儿童房设置专用收纳家具。

74. 孩子出门老是忘记带作业、红领巾、饭盒……怎么提高他的记性？

Ⓐ：一遍一遍地提醒，偶尔也可以不提醒，让孩子吃点苦头，并且明确告诉他，提醒他不是父母的责任，只是好心帮助而已。

从硬件环境上提供帮助，添加集中收纳家具，如床尾收纳凳，提前完成第二天需要准备的东西。孩子只要知道"这个桌面的东西上学要全部带走"这个指令就可以了。

75. 孩子早上总是赖床，好不容易起床了有起床气，冬天更甚，怎么解决？

Ⓐ：良好的照明是生理上清醒的最好起床剂，因此应确保充足的自然光和室内照明；然后，快速通风，增加房间内的空气新鲜度（嗜睡有时是空气质量差、氧气含量低的表现）；最后，家长态度要好，太严厉会让孩子更加暴躁。

76. 孩子喜欢画画，总是把油彩弄得到处都是，应该怎么规范又不打击他的创造力？

Ⓐ：油彩这种颜料不适合给太小的孩

子使用，可以使用简单的绘画工具培养孩子的绘画兴趣，只要色彩丰富、画笔适用就好。对笔触有要求的高阶工具，幼童其实用不到（因为手部力量发育还不完全）。

此外，可以预置防水、防污的局部墙面。现在市面上有一些可擦洗的墙面漆或磁性黑板贴，让孩子更轻松地打理自己的"杰作"；也可以结合固定的墙面（做防水、防污处理），或在小桌子上进行涂鸦。

77. 孩子沉迷看手机和 iPad 怎么办？

A：对于会上瘾的东西，不要让孩子接触，家长也要尽量少用。要把这些电子设备引导至"工具"的认知，而不是"玩具"。尽早让孩子建立深度、持久的兴趣，这样孩子便可以认识到除了 iPad 还有其他好玩的东西。

78. 睡前故事可以到几岁停下来？

A：5 ~ 6 岁时可以停下来。有的孩子倾向于用自己的想象去设定情节，喜欢自己看书。有的孩子则会改变睡前讲故事的需求，变成睡前倾诉。单纯地讲故事，孩子 5 ~ 6 岁时可以结束，但可以升级为美文欣赏。

79. 应该邀请孩子的朋友来玩吗，怕孩子弄脏房间怎么办？

A：别怕，做父母要有这个承受能力，但事后要和孩子一起收拾。

80. 孩子缺乏自信心，受到一点小质疑就哭，怎么办？

A：平静地陪伴他，别多说话，等他哭完，然后各干各活。除了行为，还可以通过环境来树立孩子的自信，如建立荣誉墙、作品展示板、奖励积分榜等，让孩子看到荣誉和自豪是自己努力的结果。

81. 孩子晚上几点睡比较好？

A：10 点以前最好睡着，因为 11 点左右生长激素开始分泌，需要深度睡眠。

82. 如何预防孩子近视眼，是不是应该让他少看电视和书？

A：主要是确保用光健康，避免孩子在过暗（照度小于 150 lx）的光线环境下用眼。

83. 几岁开始可以让孩子有自己的上锁抽屉？

Ⓐ：独立意识进阶期（孩子6～8岁）。进入小学阶段会开启全新的角色，给予孩子带锁的抽屉，也是良好尊重的开始。

84. 孩子的坐姿不好，老是歪歪扭扭地坐，怎么纠正？

Ⓐ：买一张舒服的椅子，并确保孩子的脚能踩到地板上。

85. 孩子有很多不好的习惯，如不刷牙、不收拾、不遵守时间约定等，怎么纠正？

Ⓐ：家校合作，多听取老师的意见。在家里可以设置奖励积分榜，尽量使用和学校里款式的相同贴纸或小红花等奖励标志，但家长要持续管理。

86. 怎么规范孩子的生活作息，让孩子养成良好的生活习惯？

Ⓐ：首先家长要以身作则，奖惩机制只是补充手段。

87. 如何培养孩子对科学的兴趣？

Ⓐ：单靠书本没有用，家长要和孩子一起探讨生活中的神奇之处。在儿童房里创建一个带黑板的科学角，随时给孩子科普好奇的事物原理。另外，也可以为孩子设置一个专门的科学工具收纳架，摆放儿童望远镜、显微镜等，以及专用的实验操作平台或桌面。当孩子需要进行科学探索实践的时候，确保其避免不必要的糟糕体验，享受科学实验的乐趣。

88. 应该有意识地引导孩子的兴趣，还是让孩子选择自己喜欢的？

Ⓐ：先让孩子选择自己喜欢的，然后再有意识地引导孩子的兴趣。一旦发现孩子的兴趣开始"冒头"，家长有意地讲这个领域的内容和产品，并且经过孩子同意后，再把相关装备引入儿童房。由此，孩子可以更加深入地研究感兴趣的事物，也能感受到父母对自己的关心和重视。

89. 孩子没有明显的兴趣点，怎么帮助他找到自己的兴趣点？

Ⓐ：多花点时间，仔细观察。人类天生猎奇，让孩子多尝试不同的东西。

关于二孩

90. 有一个 3 岁的孩子，还不确定以后要不要二孩，儿童房怎么布置才好？

Ⓐ：基础的安全类装修基本相同，不要做入墙类的固定家具，大件家具（如床），可以考虑使用组合拆分的款式。

91. 一个儿子、一个女儿，家里只有一间儿童房，睡一个房间可以吗？需要做区隔吗？

Ⓐ：要看年龄，超过 8 岁，只能睡在一个房间的话，必须做区隔。区隔的方式有很多，比如对床进行床帏、帐篷隔断，也可以直接对房间进行小改造，安装垂地帘或硬质伸缩隔断。

92. 读小学二年级的儿子和 3 岁的儿子，弟弟总是影响哥哥读书，两兄弟总是吵架怎么办？

Ⓐ：建立任务的目标与竞争机制，比如设定固定的时间写作业，谁先做完作业就可以去客厅看电视。如果是看书的话，可以制定规则，影响他人的去其他地方玩。实际上，很多时候不管也没关系，因为孩子的耐心很短，缠一会儿就结束了，这种互动"骚扰"也是兄弟俩成长的过程。

亲子关系的建立

93. 怎么帮助孩子从小树立自己的职业观、价值观？

Ⓐ：10 岁以后再考虑这个问题，10 岁以前的孩子没有形成成熟的逻辑思维，只能培养"肤浅"的兴趣。但可以利用儿童房，把孩子在成长过程中感兴趣的职业转化成视觉素材，如贴纸、卡片，把职业形象、工作环境、相关的工作成果在儿童房的背景墙上定期展现出来，让孩子更全面地了解社会。

94. 平时父母应该和孩子玩什么游戏？

Ⓐ：有身体接触、需要协作完成、能够体现具体成果的游戏。也可以在一个空间里各做各的，时不时互动一下，这也是一种"时间游戏"。

95. 有没有推荐的必读儿童读物？

Ⓐ：孩子不同的年龄段适合不同的图书，建议父母自行研究。

96. 儿童房房门可以上锁吗？应该尊重孩子的隐私吗？

A：上锁与否和尊重隐私无关。从安全的角度来说，孩子 8 岁以前，儿童房不应该上锁（不上锁能尊重的隐私，才是孩子最需要的）。父母进入孩子房间前应先敲门，以示尊重，以便孩子更好地建立起边界感。

97. 家长可以看孩子的日记吗？

A：当然不能，不应该有这个想法。

98. 想和孩子成为终生的朋友，应该怎么做？

A：像对待朋友一样对待孩子，自尊、尊重。

关于性启蒙

99. 什么时候开始给孩子普及性知识？

A：2 ~ 3 岁是第一个阶段，这时孩子会直观地发现父母的身体和自己的身体不同。家长可以直接告诉孩子这些器官是有用的，让孩子一开始就知道区别的存在和理由，并说明这是每个人的隐私，除了爸爸妈妈，不能给其他人看和接触。3 ~ 5 岁时，孩子的性别认知会逐渐加强，家长可以普及性知识和自我保护的具体方法。6 岁以上，应建立"异性有别"的意识，并且更加深入地普及自我保护的知识。

100. 怎么答复孩子关于自己从哪里来的问题？

A：面对 2 ~ 5 岁的孩子，家长可以直接回答，如爸爸妈妈要分工，就像钥匙和锁，合适的钥匙打开合适的锁，才有健康的宝宝。爸爸要把精子安全送到妈妈的卵子身边，才能让只有 1 ~ 2 个卵子的妈妈顺利怀孕，宝宝安全地在妈妈肚子里长大。另外，可以参考一些性别教育绘本，如《可爱的身体》《小鸡鸡的故事》《乳房的故事》等。

不同年龄段的儿童行为认知发育表

模仿／语言学习	出于沟通欲望和提升身体控制能力的自发学习	2 ～ 3 岁
保育期规则适应	通过训练，服从家庭和幼儿园的规则	3 ～ 4 岁
空间感知	从玩具到家具到空间，逐渐有完整的理解	3 ～ 4 岁
色彩认知	对不同的色彩开始产生喜好	3 ～ 5 岁
性别认知启蒙	开始留意性别的外在与行为差异	4 ～ 6 岁
社交需求	需要有自己和他人独处的空间／时间	4 ～ 7 岁
儿童个人生活自理	可以独立完成上厕所、沐浴等需要身体控制能力的个人日常生活行为	5 ～ 6 岁
独立意识启蒙	具有明确的要求和主张，开始注意个人隐私	5 ～ 7 岁
完全区分梦境与现实	不会因为梦到害怕的东西而持续害怕	6 ～ 8 岁
手部力量成熟期	不会因为无法用力到位而形成书写困难，甚至产生厌学情绪	7 ～ 8 岁
教育期秩序意识建立	幼儿园大班和小学一年级是学习习惯养成的关键期	6 ～ 7 岁
注意力强化期	通过环境建设，并运用一些训练方法，培养孩子的专注力	7 ～ 10 岁
逻辑认知完整	逻辑思维建立，讲道理能听得懂	9 ～ 10 岁
高强度学习期	生活自理，自觉完成高强度的学习任务	三年级
视觉神经固化	眼睛对色彩的分辨能力基本固定下来	14 ～ 15 岁

居住建筑照明和学校建筑照明的照度标准值

居住建筑照明的照度标准值

房间或场所		参考平面及高度	照度标准值 (lx)	显色指数 R_a
起居室	一般活动	0.75 m 水平面	100	80
	书写、阅读		300	
卧室	一般活动	0.75 m 水平面	75	80
	床头、阅读		150	
餐厅		0.75 m 餐桌面	150	80
厨房	一般活动	0.75 m 餐桌面	100	80
	操作台	台面	150	
卫生间		0.75 m 水平面	100	80

学校建筑照明的照度标准值

房间或场所	参考平面及高度	照度标准值 (lx)	统一眩光值 UGR	显色指数 R_a
教室	课桌面	300	19	80
实验室	实验桌面	300	19	80
美术教室	桌面	500	19	80
多媒体教室	0.75 m 水平面	300	19	80
教师黑板	黑板面	500	—	80

注：儿童房整体照度应达到 150 ~ 200 lx，学习区、阅读区整体照度至少应达到 300 lx。

参考文献

[1] 松下希和 . 装修设计解剖书 [M]. 温俊杰，译 . 海口：南海出版公司，2013.

[2] 增田奏 . 住宅设计解剖书 [M]. 赵可，译 . 海口：南海出版公司，2013.

[3] 尾上孝一，妹尾衣子，小宫容一，等 . 室内设计与装饰完全图解 [M]. 朱波，李娇，译 . 北京：中国青年出版社，2013.

[4] 铃木信弘 . 住宅格局解剖图鉴 [M]. 郑敏，译 . 海口：南海出版公司，2015.

[5] 文化出版局 . 收纳全书 [M]. 游韵馨，译 . 北京：北京联合出版公司，2014.

[6] 刘金花 . 儿童发展心理学（第三版）[M]. 上海：华东师范大学出版社，2013.

[7] 中国建筑技术研究院 . 住宅设计规范：GB 50096−2011 [S]. 北京：中国建筑工业出版社，2011.

[8] 中国建筑科学研究院 . 建筑照明设计标准：GB 50034−2013 [S]. 北京：中国建筑工业出版社，2014.

[9] 中国建筑科学研究院 . 民用建筑隔声设计规范：GB 50118−2010 [S]. 北京：中国建筑工业出版社，2010.

[10] 全国家具标准化技术委员会 . 儿童家具通用技术条件：GB 28007−2011 [S]. 北京：中国标准出版社，2012.

[11] 国家环境保护局和卫生部 . 室内空气质量标准：GB/T 18883−2002 [S]. 北京：中国标准出版社，2003.

[12] 周潭 . 儿童逻辑与逻辑育成 [D]. 重庆：西南政法大学，2014.

[13] 闻琪 . 儿童隐私权研究 [D]. 哈尔滨：黑龙江大学，2012.

[14] 陈欣 . 儿童感统失调训练案例分析 [J]. 时代教育，2014（18）：187−188.

[15] 华红艳 . 学前儿童安全感缺失的表现 [J]. 长冶学院学报，2013（8）：108−111.

[16] 杨元花，曹中平 . 儿童安全感的发展和培养 [J]. 湖南社会科学，2013（4）：106-108.

[17] 吴华丰 . 儿童的依赖与独立行为：其结构及发展 [J]. 心理发展与教育,1994（4）：40-42.

[18] 陶沙，王耘，王雁苹，等 .3～6 岁儿童母亲教养行为的结构及其与儿童特征的关系 [J]. 心理发展与教育，1998（3）：43-47.

[19] 罗莲珍，刘建英 . 学生近视的预防及对策 [J]. 中国医学工程，2016（6）：133-134.

[20] 王娟 . 浅谈小学生注意力易分散的心理因素 [J]. 中国校外教育，2014（11）：128.

[21] 邵姝姮 . 儿童公平感的起源 [J]. 社会心理科学，2016（2）：14-16.

[22] 董娜，曹玉萍，李丽 . 学前儿童想象力的培养 [J]. 文教资料，2015（17）140-143.

[23] 周少贤，陈尚宝，董莉，等 .3～6 岁幼儿独立性和自我控制的发展特点及家庭影响因素 [J]. 学前教育研究，2004（11）：42-45.

[24] 王健敏 . 儿童社会性三维结构形成实验研究报告 [J]. 心理发展和教育 .1996（2）：12-18.

[25] 莫庆仪，黄东明，谢广清，等 . 儿童意外伤害 924 例分析 [J]. 中国当代儿科杂志，2013（7）559-562.

[26] 陈立，汪安圣 . 儿童色形爱好的差异 [J]. 心理学报，1965（3）：83-87.

[27] 杨淑丽 .4～6 岁幼儿颜色偏好的实验研究 [J]. 学前教育研究，2009（11）：48-50.

[28] 陈晶 . 儿童空间认知的发展及其对教育的启示 [J]. 辽宁教育行政学院学报，2009（9）62-63.

[29] 石路 . 照明光源色温对人体中枢神经生理功能的影响 [J]. 人类工效学，2006（12）：59-61.

[30] 任寸寸，刘莎，刘海红，等 . 噪声对低龄正常儿童言语感知的影响 [J]. 听力学及言语疾病杂志，2015（3）236-239.

致　谢

这是一本汇集爱与鼓励的书。在此，感谢给予我支持的家人、伙伴、师长和朋友们。

首先，感谢我的妻子李穗茹和女儿靖南，因为本书源自她们带给我的美好家庭生活。不仅如此，得益于她们的鼓励和支持，我对原生家庭坚持长达十年的观察与总结，并在此基础上予以拓展，关注更多的中国家庭，最终成功地编写本书。

其次，感谢我的伙伴罗司斯，她对本书的编写过程充满热情并全身心地投入。本书的很多内容是我们在实践和研究中共同探索出来的，正是基于她的辛勤工作，本书的内容才如此丰富。

同时，感谢沈雅琴女士、张靖先生、徐红虎先生和魏文锋先生，他们在百忙之中审读了本书的部分章节，并且在儿童教育、室内设计以及检验评测等专业领域提出了具体建议，让本书的内容更完整、更合理。除了专业建议，得益于他们的帮助，我对儿童房与儿童房成长空间也有了全新的理解。

感谢参与本书整理工作的谭静雯和方珊，她们耐心、细致地在我和出版社之间进行积极的沟通，并且予以监督，以便我按时完成写作任务。此外，感谢一兜糖家居 App 对本书中部分儿童房图片的支持。

最后，感谢庞冬编辑和跟进本书的编辑团队，他们不厌其烦地将众多口语化和个人化的经验描述转化为准确、标准、通用且符合室内设计要求的措辞。这是一项艰巨的任务，正是得益于如此专业的编辑工作，才让我这个非建筑专业出身的普通父亲将个人经验转化成可以和广大父母乃至设计师们分享的内容。

著者

图书在版编目（CIP）数据

从零开始，打造成长儿童房 / 设计师南爸著. —— 南京：江苏凤凰科学技术出版社，2019.1
ISBN 978-7-5537-9836-3

Ⅰ．①从… Ⅱ．①设… Ⅲ．①儿童 - 房间 - 室内装饰设计 - 图集 Ⅳ．① TU241.049-64

中国版本图书馆 CIP 数据核字 (2018) 第 271529 号

从零开始，打造成长儿童房

著　　　者	设计师南爸	
项 目 策 划	凤凰空间/庞　冬	
责 任 编 辑	刘屹立　赵　研	
特 约 编 辑	庞　冬	

出 版 发 行	江苏凤凰科学技术出版社
出版社地址	南京市湖南路1号A楼，邮编：210009
出版社网址	http://www.pspress.cn
总 经 销	天津凤凰空间文化传媒有限公司
总经销网址	http://www.ifengspace.cn
印　　　刷	天津久佳雅创印刷有限公司

开　　　本	710 mm×1 000 mm　1 / 16
印　　　张	10
版　　　次	2019年1月第1版
印　　　次	2019年1月第1次印刷

标 准 书 号	ISBN 978-7-5537-9836-3
定　　　价	49.80元

图书如有印装质量问题，可随时向销售部调换（电话：022-87893668）。